北方民族大学文库

模 式 挖 掘

韩 萌 著

科学出版社

北 京

内 容 简 介

本书详细介绍面向数据流模式挖掘的理论和方法. 本书主要内容包括四部分: 第 1 和第 2 章介绍数据库和数据流模式挖掘的相关知识; 第 3 章介绍基于滑动窗口模型和时间衰减模型的闭合频繁模式挖掘算法的研究与实现过程; 第 4 章介绍基于多支持度的连续闭合序列模式挖掘算法的研究; 第 5 章介绍基于约束闭合模式的决策树分类算法的研究与实现过程. 每章都有相关算法的实验证明, 供读者更好地了解本书内容.

本书适合作为相关专业研究生模式挖掘课程的教材, 同时也可以作为大数据挖掘研究和应用开发人员的参考书.

图书在版编目(CIP)数据

模式挖掘 / 韩萌著. —北京: 科学出版社, 2018.6

ISBN 978-7-03-057854-9

Ⅰ.①模… Ⅱ.①韩… Ⅲ.①数据采集 Ⅳ.①TP274

中国版本图书馆 CIP 数据核字 (2018) 第 127834 号

责任编辑: 潘斯斯 于海云 / 责任校对: 郭瑞芝
责任印制: 吴兆东 / 封面设计: 迷底书装

科 学 出 版 社 出版

北京东黄城根北街 16 号
邮政编码: 100717
http://www.sciencep.com

北京虎彩文化传播有限公司 印刷
科学出版社发行 各地新华书店经销

*

2018 年 6 月第 一 版   开本: 720×1000 B5
2019 年 1 月第二次印刷   印张: 7 1/2

字数: 150 000

定价: 59. 00 元
(如有印装质量问题, 我社负责调换)

前　　言

数据流是一个有时间顺序的、连续的、无限的事务(或实例、记录)序列. 数据流与传统的静态数据或数据库相比具有非常不同的特性, 如动态、无限、有序、非重复性、高速和变化. 在真实的数据流环境中, 一些数据源分布是随着时间改变的, 即具有概念漂移特征, 称此类数据流为可变数据流或概念漂移数据流. 因此, 处理数据流的方法需要自动调整以适应概念变化.

为了得到无损压缩的且满足用户不同需求的有趣模式结果集合, 本书研究数据流中满足约束的、闭合的频繁模式挖掘算法; 为了提高数据流分类效率, 本书研究基于频繁模式的分类算法; 本书还研究模式挖掘和分类过程中概念漂移问题的处理方法.

本书的主要内容包括以下几方面.

(1)在数据流中挖掘频繁模式面临的主要挑战是数据的无限性使得模式不断产生, 因此数量巨大. 尤其是支持度阈值低时可能导致输出模式的数量爆炸. 由于概念漂移特性, 在一些数据流应用中通常认为最新的数据比历史数据重要. 因此, 本书研究使用闭合算子方法提高闭合模式挖掘的效率, 研究并设计一种均值衰减因子提高模式结果集合的准确性和完整性; 研究并设计一种基于滑动窗口模型和时间衰减模型的闭合频繁模式挖掘(TDMCS)算法.

(2)已有的衰减因子设置方式对历史事务和最新事务权重采用相同的衰减强度, 这样不能更进一步区分新旧事务的重要性. 因此, 本书研究并设计一种基于高斯函数的衰减方式. 与已有的衰减方式相比, 它对新近事务的衰减程度更低, 而对历史事务的衰减程度更高. 研究采用多种衰减因子设置时间衰减模型的方式. 在高斯衰减因子的基础上, 研究并设计基于堆积衰减值的 TDMCS+算法. 对已有的常见衰减因子进行分析总结, 并通过理论和实验对比分析使用高斯衰减因子的优势.

(3)一些高维数据中包含大量的重复项, 已有的模式挖掘算法处理此类数据会产生大量短的、非连续的无用模式. 针对此类数据的特征, 研究并设计了三种支持度, 包括支持度、局部支持度和全局支持度. 局部支持度和全局支持度可用于挖掘在一条数据中多次出现的模式. 本书研究并设计一种基于多支持频度的连续闭合序列模式挖掘(MCCPM)算法, 挖掘基于三种支持度的、连续的、闭合的模式. 因此, 挖掘过程中需要记录模式在每条数据中出现的位置和次数. 实验分析证明与已有方式相比, MCCPM 算法不仅可以减少内存消耗, 还可以得到更加有趣的模式结果集合．

(4) 无限的数据流中可能存在大量无用的信息或者噪声，而模式挖掘可以去除数据中的无用信息且不受噪声的影响．因此，挖掘有趣的、频繁的和有区分力的模式，可以用于有效的分类．本书研究并设计一种两层结构的频繁模式决策树分类(PatHT)算法．第一层设计基于类约束的频繁模式(CCFPM)算法挖掘具有约束的闭合频繁模式集合，该算法使用可变滑动窗口，当检测到概念漂移时进行窗口的收缩，同时对历史模式进行删除．接着对模式结果抽样产生集合 CFTSet；第二层设计 HTreeGrow 算法使用 CFTSet 生成分类模型．PatHT 算法为不同特征的数据流设计不同的模式使用策略．算法中采用概念漂移检测器跟踪概念变化，从而自适应地调整分类模型．通过对真实和虚拟数据流的实验分析，与已有数据流分类算法相比，PatHT 算法可以提高分类正确率或明显降低时空消耗．

首先感谢我的博士导师王志海教授．本书是在他的悉心指导下完成的，在此向王志海教授表示衷心的感谢．衷心感谢我的硕士导师王移芝教授，以及在博士学习中给予我在科研上指点与帮助的孙永奇教授、黄雅平教授、景丽萍教授、郎丛妍教授，还要感谢瞿有利高级工程师对我在科研中和学习生活中的指点与帮助．感谢指导过我的所有老师，他们的爱岗敬业和认真工作使我收获良多．感谢师门的原继东、孙艳歌、刘海洋、刘亚姝、张伟、白凤伟等，几年来我们互相学习、共同勉励、共同成长．

衷心感谢我的家人和朋友在背后的支持与付出，他们是我最坚强的后盾，激发我不断前进．

此外，本书的出版由国家自然科学基金项目(No. 61563001)资助．还要感谢科学出版社为本书出版提供的帮助和支持．

由于作者水平有限，书中难免有不足之处，恳请读者批评指正．

意见建议邮箱：compute2006_2@126.com

作　者

2018 年 4 月

目　　录

第1章 绪 论

智能终端、互联网及无线传感网络的发展带来了一个大数据的时代,使得数据产生的速度越来越快,信息量呈现爆炸式增长.迅速膨胀的数据促使产生了具有重要意义和广阔发展前景的数据流模型(data stream model).数据流成为未来数据发展的一个主要趋势,而从数据流中挖掘有用的知识得到广泛的重视.本书将对数据流模式挖掘相关技术及应用进行研究.

1.1 研究背景和意义

数据流模型广泛应用于社会生产和生活的各个领域,它是未来数据发展的一个主要趋势.它主要是由金融行情、网络监控和流量管理性能测量,网络跟踪和个性化的日志记录或点击流,制造过程,传感器数据源,电信,电子邮件等产生的.从数据流中挖掘有用的知识得到广泛的重视.数据流的主要特征是有序的、快速变化的、海量的和潜在无限的.数据流模型的特点决定了数据流挖掘算法与传统的数据库的挖掘技术有显著的区别.由于存储容量的有限性,挖掘过程中不可能完整地保存全部数据流元素.鉴于数据流的高速性和连续性,数据流算法应是动态增量的,也必须是高时空效率的.现有的数据库挖掘技术已不再适合数据流环境.因此,数据流环境下的数据挖掘研究具有更大的机遇和挑战性[1, 2].

模式挖掘是数据挖掘的热点问题,已被广泛地应用在商业、企业、过程控制、政府部门及科学研究等领域.频繁模式挖掘可以很好地概括数据流中有用的实例信息,找到有区别力的模式用于数据流的分类、聚类、趋势预测和异常检测等.同时,它不受噪声数据的影响.

数据流的一个重要特征在于其可能存在概念漂移现象,即历史事务数据可能与当前信息摘要无关甚至是有害的.概念漂移(concept drift)是指由于数据流中上下文的变化而引发的隐含目标概念变化,甚至是根本性变化的现象.概念漂移具有较强的时间性,数据在一定的时间内反映的只是当时的概念,但随着时间的推移,可能会改变数据中的概念.因此,对该类数据流挖掘时除了需要考虑空间和时间的限制,还需要进行概念漂移的检测和处理.本书面向数据流,研究其模式挖掘的主要理由在于以下几方面.

(1)数据流中的概念漂移问题是研究的热点,虽然已有大量研究工作及成果,但是缺少有效的概念漂移检测及处理方法.本书将对数据流模式挖掘过程中和数据流分类模型学习中的概念漂移问题分别进行研究，目的是提高模式挖掘的完整性和准确性，以及分类的正确率．

(2)大规模数据流模式挖掘面临的一个主要问题是挖掘的模式数量巨大，其中存在大量无用的模式．当长事务或最小支持度阈值低时，这个问题尤其严重．压缩模式和约束模式可以用于选择满足不同要求的有趣模式，同时能够有效地减少模式的数量．为了得到有趣的模式集合，本书研究闭合频繁模式和约束频繁模式．为此设计的剪枝策略会降低算法执行消耗的内存空间，且得到的有趣模式集合更加有利于用户的使用．

(3)数据流中包含大量的数据，这些数据可能包含大量的冗余信息甚至是噪声，而模式挖掘可以去除数据中的冗余信息且不受噪声的影响．因此，挖掘有趣的、频繁的和有区分力的模式，可以用于有效地分类．基于模式的分类具有更高的准确性，并且可以很好地解决缺损值的问题．有关基于模式的决策树分类模型的研究较少，本书将对此进行研究．

1.2 研 究 现 状

本节介绍数据挖掘的主要方法，以及数据流挖掘的相关内容，包括数据流分类、数据流聚类和数据流频繁模式的国内外研究现状．

1.2.1 数据挖掘

在信息社会，提取知识是很重要的任务．而知识革命发展面临的挑战已经改变为如何创造和使用无限的知识．数字时代产生了海量的数据，需要采用有效的计算方法来处理它们．数据挖掘(data mining，DM)，又称为知识挖掘(knowledge discovery in databases，KDD)，它的主要目的是从大规模数据库中获取知识或信息，即数据挖掘是从大量数据中提取或挖掘出有效的、隐含的、先前未知的并具有潜在价值模式的非平凡过程．数据挖掘的任务主要包括关联分析、分类、聚类、序列分析、回归、偏差检测、预测等．

数据挖掘过程大致可以分成三个阶段：数据预处理、数据挖掘、结果评价和表达．数据预处理主要是对大量数据进行选择、净化、推测、转换、缩减等，来消除在挖掘过程中无用的数据．数据预处理阶段非常重要，它影响到数据挖掘的效率和准确度．数据挖掘阶段的工作首先是根据不同的任务选择相应的挖掘实施算法，例如，分类、聚类、关联规则、粗糙集、神经网络、遗传算法等，然后进一步对数据进行分析，从而得到知识的模型．结果评价和表达阶段主要是从所有的知识模式模型中发现更加有意义的模型．

数据挖掘的主要方法可以分成四类.

(1) 分类分析方法. 分类或回归模型可以区分不同类别中的个体并且可以用来预测个体的类别. 常用的分类技术有决策树方法、支持向量机方法、基于规则的分类方法、贝叶斯分类方法、集成分类方法、神经网络方法、最近邻分类方法；回归模型一般分为线性回归和非线性回归, 经过适当的变换, 很多非线性模型都可以转化为线性回归模型进行解决.

(2) 聚类分析方法. 聚类是将数据分类到不同的类或者簇这样的一个过程, 所以同一个簇中的对象有很大的相似性, 而不同簇间的对象有很大的相异性. 聚类分析以相似性为基础, 这样可以把样本空间分成多个簇. 聚类算法的选择由数据类型、聚类目的和应用决定. 聚类分析的算法主要可以分为划分法(partitioning methods)、基于密度的方法(density-based methods)、基于网格的方法(grid-based methods)、基于模型的方法(model-based methods)以及层次法(hierarchical methods)等.

(3) 关联分析方法. 关联分析就是从大量数据中发现项集之间有趣的关联和联系. 关联规则挖掘需要考虑两个步骤：一是利用模式支持度(support)挖掘所有的频繁模式；二是利用置信度(confidence)找到所有规则. 这个问题的核心就是怎样高效地挖掘出所有的频繁模式, 即频繁模式挖掘问题. 关联分析的算法主要有先验算法、基于划分的算法、FP 树算法等.

(4) 异常检测方法. 异常检测(anomaly detection)也称偏差检测, 它的假设是入侵者活动要异常于正常主体的活动. 根据这一假设首先建立主体正常活动的活动简档, 将当前主体的活动状况与活动简档相比较, 当违反其统计规律时, 认为该活动可能是入侵行为. 异常检测的难题在于如何建立活动简档以及如何设计统计算法, 从而不把正常的操作作为入侵或忽略真正的入侵行为. 异常检测的方法主要有基于邻近度的技术、基于模型的方法、基于密度的技术等.

关联规则挖掘是数据挖掘领域中的一个重要的研究方向, 其重要工作是挖掘频繁模式集合. 根据处理事务数据集的类型不同, 分为静态数据集上的频繁模式挖掘和动态数据流上的频繁模式挖掘.

1.2.2　数据流模式挖掘

数据流作为一种新型数据模型广泛出现在多种应用领域. 与传统的数据集不同, 数据流的特点在于按时间顺序的、快速变化的、海量的和潜在无限的. 数据流主要产生于网络, 如 Web 点击流分析、网络日志、交通流量监控与管理、电力供应管理与预测、电信数据管理、金融服务和商业交易管理与分析等. 专用网络同样产生大量的数据流, 如基于卫星的高分辨率测量地球测地学数据、雷达衍生的气象数据、连续的大型天文光学、调查红外线与无线电波长和大气辐射测量等. 这些数据流是海量的、高速流动的、快速变化的和潜在无限的, 每天产生百万数据项, 如 WalMart 记录 2 亿条记录、Google 处理 10 亿条搜索、AT&T 处理 27.5 亿条呼叫记录等.

数据流挖掘目前成为一项新兴的智能信息处理技术, 引起了广大研究工作者的关注, 不论在国内还是国外都得到了广泛重视, 许多文献对该领域的研究进展进行了报告. 数据流模型不同于传统的数据库, 它具有一定的约束, 具体如下所示.

(1)数据流具有无限性, 即包含的数据个数是无限的. 因此, 使得存储受到限制, 只能存储概要信息, 其余信息被丢弃.

(2)数据到达速度快, 需要实时处理, 处理后即被丢弃.

(3)产生的数据项的分布会随着时间而改变, 因此历史数据可能无关甚至有害.

(4)项集的组合爆炸会加剧挖掘任务困难程度[3].

从挖掘功能的角度考虑, 目前数据流的挖掘主要包括数据流模式挖掘、数据流分类、数据流聚类和数据流查询等技术. 由于数据流模型的特性, 对其进行挖掘时需要考虑其时空约束, 还要考虑数据变化而带来的概念漂移问题. 设计数据流挖掘算法时需要自适应概念的变化, 应是增量更新处理过程.

频繁模式(frequent patterns)或频繁项集(frequent itemsets)是指在数据集合中出现次数多于用户定义最小支持度阈值的项集. 频繁模式挖掘可以看作许多数据挖掘任务的基础, 如关联分析、相关性分析、序列挖掘、分类和聚类等.

对数据流进行频繁模式挖掘应用范围较广, 可用于检测异常值、极端事件、欺诈、入侵、不寻常或异常的活动、监控复杂的相关性、跟踪趋势、支持探索分析和执行复杂的任务等. 如对网络流量、Web 服务器日志和点击流挖掘, 可以用于设计查询系统, 推荐系统, 对用户行为进行预测等. 对电信数据、金融、医学和零售数据分析, 可以进行用户身份或行为隐私保护、异常检测等. 对电子商务应用, 股市监管和房地产数据分析, 可以处理相关交易. 对数据流进行结构挖掘可以进行用户行为的语义分析和社会网络分析等. 对传感器网络的数据分析, 可用于设计传感器监控系统, 基于位置的服务, 以及医疗诊断系统; 可以用于分析数据, 找出有趣的模式, 如拥堵或道路危害分析、队列末尾监测和交通状态估计. 对无线信号网络的管理可以用于研究分布系统与数据库系统.

早期的频繁模式挖掘方式是采用先验方法[4]生成和测试候选集合, 但是这样生成候选集合的代价有点高, 尤其是存在长模式或大量模式时. 为了解决这个问题, Fp-growth[5]算法使用了频繁模式树(FP-tree)结构存储压缩的、关键的频繁模式信息. 把一个大的数据库压缩成一个紧密的小的数据结构, 避免了重复扫描数据库. H-mine[6]算法中设计了一个使用超链接的数据结构, 这个结构在算法执行过程中会动态调整链接. 当数据集合变得密集时, 会在挖掘过程中动态地创建 FP-tree 结构. 该算法的优势在于使用了非常有限的和准确预测的内存空间, 并且执行速度快. PrePost[7] 和 PrePost + [8] 算法在 FP-tree 编码前缀树的基础上设计了一种新的结构 N-list. 相同前缀的事务会在 N-list 中共享相同的节点, 使得该结构紧凑. PrePost 的优势还在于它在某些情况下可以不产生候选项集, 利用 N-list 的单路径属性找到频繁模式. N-list 的不足在于需要对树中的每个节点进行前序和后序编码. FIN[9] 在 N-list 的基础上设计了一种仅需要前序(或后序)编码的新数据结构 Nodesets, 相比而言可以减少一半的内存. 这些方法主要用于挖掘静态数据集合中的频繁模式, 由于需要多次扫描数据库, 因此不能直接用于数据流挖掘.

挖掘频繁模式是数据挖掘的热点问题, 在传统数据库中挖掘频繁模式这个问题已经被广泛地研究和应用. 然而, 在数据流环境下挖掘频繁模式给研究者带来更大的机遇和挑战. 数据流中挖掘的模式类型主要包括: 频繁序列[10-12]、高效用[13, 14]、子图(subgraphs)[15, 16]、episode[17] 和频繁项集等.

近年来, 研究者研究数据流中挖掘频繁模式的方法. 算法 Sticky Sampling 采用统计抽样技术来估计项集的支持数[18]. 算法 FTP-DS 采用基于回归的方法找到数据流中的时间频繁模式[19]. 但是, 这两个算法没有给定项集支持度允许的误差上限. 为了限定假阳性错误的上限, Counting 给定了错误参数来找数据流中的频繁模式[18]. 为了降低内存消耗, 设定内存中临时存储事务, 而项集支持度存储在二级存储器中. 同样的还有 estDec 算法, 它为了提高内存的使用, 采用前缀树存储具有重要意义的模式而不是全部的模式[20]. 用户给定意义阈值, 支持度超过此阈值的就认为是有重要意义的. 由于内存中存储的树结构会随着模式的增加而不断增长, 当树的大小超过定义的内存空间时会停止生长, 会影响模式挖掘的准确性. estDec + 在 estDec 基础上进行改进, 提出一种压缩树结构来挖掘数据流中的频繁项集, 目的是降低内存消耗[21]. 这些算法使用的是用户定义的边界, 都是假阳性算法. FDPM 是一种假阴性算法, 它挖掘数据流中满足误差界和最小支持度的频繁模式[22]. 它得到的结果集中模式数量相比会大幅度降低, 但是可能会丢失一些频繁模式. DFP-SEPSF 使用一种动态频繁模式树挖掘高维数据流中的频繁模式, 这些模式用于捕获类的变化[23].

1.2.3　数据流分类

数据流分类模型主要分为单分类模型和集成分类模型. 单分类模型技术维护和增量更新单个分类模型, 有效地对概念漂移做出回应. 集成模型需要比单个模型相对简单的技术更新概念, 且同样有效地处理概念漂移. 提出处理概念漂移时, 集成分类器优于单个分类器: 它们易于扩展和并行, 通过剪枝整合中的某些部分可以快速适应漂移, 它们可以得到更准确的概念描述. 并且, 通常基础分类器的训练速度要高于单一模型的更新速度,因此也更加适合处理高速产生的数据流. 由于数据流的特征,因此对其进行处理时采用的主要是增量算法[24]. 增量算法是指按照顺序一个接一个(或一批接一批)地处理实例,每次处理一个(一批)实例后更新模型.

　　数据流分类方法包括神经网络[25, 26]、支持向量机[27, 28]、关联/分类规则、决策树等. 关联规则挖掘是一种基于频繁模式的分类方式,在传统数据库中得到广泛应用. 近年来,出现了针对数据流的规则分类算法. 如 CAPE 算法是最早的基于频繁模式的规则分类算法,用来处理数据流,它利用衰减窗口方法处理概念漂移问题,取得了比较好的实验结果[29]. CBC-DS 算法采用闭合频繁模式用于挖掘类关联规则,使得算法具有较高的效率[30]. PNRMXS 算法发现 XML 数据流中的正、负关联规则[31]. Esper 算法在 Aprior 和 FPGrowth 算法的基础上发现数据流中的关联规则并进行相关分析[32]. 该算法对不同特征的数据流使用了滑动窗口模型和倾斜窗口模型进行规则挖掘. AMRules 算法用于发现数据流中的规则来解决回归问题[33]. 规则的前件是属性值的条件连接,后件是属性值的线性组合. 它设计一种策略检验数据的改变,并通过剪枝规则集合对改变做出反应. FRBCs 在 FPGrowth 算法的基础上进行模糊扩展,挖掘模糊频繁模式,从而生成模糊关联分类模型[34]. 其中模糊的项是由离散化输入变量和从这些离散间隔中定义强模糊划分产生的. MapReduce 在 FPGrowth 算法的基础上进行分布式设计挖掘分类关联规则[35]. 一旦挖掘出分类关联规则,则进行分布式规则剪枝. 得到的规则集合可以用于分类未标记的模式.

　　决策树模型被广泛用于创建分类器处理数据流,原因在于决策树模型类似于人类的推理很容易被理解[36], 其中基于 Hoeffding 的决策树算法是从数据流中学习树的最受欢迎的方法之一,如快速决策树(very fast decision tree, VFDT)[37]、概念自适应快速决策树(concept-adapting very fast decision tree, CVFDT)[38]、VFDTc[39]、模糊模式树(fuzzy pattern trees)[40]、哈希树[41]、Hoeffding 选择树(Hoeffding option trees, HOT)[42]、Hoeffding 自适应树(Hoeffding adaptive tree, HAT)[43]、自适应 Hoeffding 选择树(adaptive Hoeffding option tree, AdoHOT)[44] 和自适应大小 Hoeffding 树(adaptive-size Hoeffding tree, ASHT)[44]等. VFDT 是针对数据流挖掘环境建立分类决策树的方法. 它通过不断地将叶节点替换为分支节点而生成,即在每个决策节点保留一个重要的统计量,当该节点的统计量达到一定阈值时,则进行分裂测试. 其最主要的创新是利用 Hoeffding 不等式确定叶节点变为分支节点所需的样本数目与分裂点. 该算法仅需扫描一次流数据,具有较高的时空效率,且分类器性能近似于传统算法生成的分类器. 不足在于不能很好地处理概念漂移问题. CVFDT 对 VFDT 进行了扩展以快速解决概念漂移数据流的分类. 其核心思想是当新子树分类更准确时,用新子树替换历史子树. 它维持一个滑动训练窗口, 并通过在样本流入和流出窗口时更新已生成的决策树使其与训练窗口内样本保持一致.

集成学习使得分类器具有更高精度的特性, 可以很好地适应概念的变化, 将概念漂移的影响削弱在共同决策中. 常用的集成方式包括 Boosting 和 Bagging. Bagging 方式是将原始数据集通过 T 次随机采样, 得到 T 个与原始数据集相同大小的子数据集, 分别训练得到 T 个单分类器, 然后结合(如投票)为一个集成分类器. Boosting 也是通过重采样得到多个单分类器, 最后得到一个集成分类器. 区别是 Bagging 是基于权值的分类器集成的. 如 Bifet 提出了一种基于 ADWIN 的, 对多个单分类器投票而得到的集成分类器处理概念漂移数据流. 数据随着时间发生变化, 分类器自动调整[44]. Grossi 等通过对每个子分类方法的权重进行衡量生成集成分类方法. 由于没有处理过期事务的方法得到的权重较大, 因此每个权重起到了处理概念漂移的关键作用[45]. Farid 等提出了自适应集成方法进行概念漂移数据流的分类和新类检测[46]等. Brzezinski 等[47]提出一种基于数据块的在线处理概念漂移数据流的集成分类方法. 通过对数据流划分成多个数据块, 每个块训练的分类器具有不同的权重, 然后对块的特征分析来产生新类型的集成分类器. Czarnowski 等提出的算法同样对数据块进行分块处理, 每块生成基分类器, 而后赋予不同权重进行分类器集成[48]. Ikonomovska 等采用了在线权重集成方法和在线随机森林方法设计集成分类方法, 可用于分类和回归[49]. Abdallah 等设计一种可变的轻量框架用于移动用户行为分类[50]. 这种框架使用一种集成分类模型, 它对每个窗口内的预测值进行投票, 从而得到最终的分类结果. Hosseini 提出一种半监督学习的集成分类方法处理可变数据流[51]. 设定缓冲池存储多个分类算法, 每个分类器处理独立的概念. 每个分类器赋予不同的权重, 集成方法根据权重函数最终给出分类结果. ZareMoodi 使用集成分类方法用于发现数据流中出现的新类[52]. 这种方式采用局部集成方式, 每个局部集成分类器都是针对某一个类值的.

1.2.4 数据流聚类

聚类问题可以认为是将数据集分成若干个相似对象构成的子集的过程, 这里的子集称为簇或类别. 聚类的结果是使簇内的对象尽量相似, 同时与其他簇的对象尽量不同[53]. 由于聚类时的数据对象没有类别标签, 因此聚类是无监督的学习过程. 聚类分析是重要的和基本的数据挖掘方法. 它既可以单独用来分析获取数据的分布情况, 将数据分成不同的簇, 观察每一个簇的特性, 然后对特定的目标簇做进一步的处理. 聚类还可以作为其他数据处理方法的预处理技术, 例如, 产生类别标签给分类提供支持, 提取特征以支持相关分析、频繁项挖掘、预测异常值检测等.

针对数据流,研究者提出了许多聚类算法.如算法 Clustream 采用界标窗口,以应用中心请求为导向的数据流聚类方法[54].它把聚类过程分成了在线部分和离线部分.在线部分周期地存储概要统计信息,离线部分仅使用这些概要信息.分析者利用离线部分的各种输入来快速理解数据流中的广泛簇群.如何有效地选择、存储和使用这些统计数据是很难的问题.为了解决这个问题,该算法设计使用椎体时间框架(pyramidal time frame)结合微聚类方法.Clustream 算法是基于 k-means 的,不能很好地发现任意形状的簇,且不能处理异常.并且需要先验知识 k 和用户定义的时间窗口.DGClust 用于处理全网络产生的数据流的聚类问题[55].这是一种分布式算法,可以减少维度和通信负担.它允许每个本地传感器保持其数据流的在线离散化.DGClust 使用网格存储数据,在界标窗口中处理最新数据.它也是基于 k-means 的.D-Stream 算法能解决基于 k-means 算法的不足[56].它是一种基于密度的数据流聚类算法.它分为在线和离线两部分,在线部分将每个输入数据映射到一个网格,而离线部分计算网格密度并依据密度对网格聚类.D-Stream 使用密度衰减技术来捕获数据流中的动态改变.利用衰减因子、数据密度和簇结构之间的复杂关联,该算法可以实时生成和调整簇.ClusTree 采用衰减窗口自动适应数据流速度,是无参数的单遍扫描数据流的聚类方法[57].它总是维持最新的聚类模型,并且报告概念漂移、新的和异常的值.该算法不是采用先验知识假设聚类模型尺寸,而是自适应调整的.StreamKM++是采用欧氏距离处理数据流聚类问题的算法[58].它使用点树存储数据信息,也是一种基于 k-means 的方法.该算法使用的是界标窗口来处理最新的数据.StreamKM++算法对数据流的小权重抽样数据进行处理.为此,提出了两种新的结构.首先使用自适应的、非均匀采样方法从数据流中获得一些小的点.其次,该算法设计数据结构点树用于显著加快自适应的时间和非均匀采用点的过程.

1.3　主要研究内容

本书针对模式数量巨大和概念漂移问题,首先研究非连续闭合与连续闭合模式挖掘的有效方法,接着研究基于约束闭合模式的分类方法.本书主要展开以下几个方面的研究.

(1)为了解决模式挖掘结果集合数据量巨大的问题以及概念漂移问题,研究均值衰减模型和高斯衰减模型用于挖掘数据流闭合模式.

为了增加新近事务产生模式的权重,减低历史模式的权重,可以使用时间衰减模型(time decay model,TDM)来挖掘频繁模式.通常 TDM 会与滑动窗口模型配合使用,即在窗口大小内挖掘频繁模式,且在窗口内也要区分最新和历史事务．这样可以使得到的模式结果更加准确．

　　本书为了处理数据流的概念漂移问题，得到更合理的模式结果集合，设计了两种时间衰减因子．第一种是均值衰减因子，使算法的模式结果集合的查全率和查准率更加平衡．第二种是高斯衰减因子，使算法得到的模式结果集合更加准确．为了挖掘有趣模式且有效地减少模式数量，本书研究数据流中闭合模式挖掘的有效方法．主要内容包括：研究基于闭合算子的频繁模式选择方法，用于提高模式挖掘效率；研究基于滑动窗口模型的近似算法，该模型可以有效地避免概念漂移问题．

　　(2) 为了处理具有大量重复项的高维数据，研究基于多支持度的连续闭合模式挖掘方法．

　　由于一些数据的特性，如高维生物序列，每条数据中包含了大量的重复项．采用常规的频繁模式挖掘算法不能处理此类数据．因此，需要研究频繁序列模式挖掘算法，这类算法可以用于挖掘具有重复项的数据，且考虑项出现的先后次序．

　　本书针对高维生物数据，研究三种支持度用于挖掘三类有趣的连续闭合模式．其中支持度用于挖掘在多条数据中出现的模式，局部支持度用于挖掘在某一条数据中出现多次的模式，全局支持度用于发现在整个研究数据集合中出现多次的模式(出现次数可能高于数据的数量)．这三类模式都是连续的、闭合的，可以用于对高维数据的比对匹配，或者对未知数据的分类．

　　(3) 为了提高分类效率，研究基于闭合模式的决策树分类算法．

　　基于模式的分类是指使用频繁模式作为构建元素建立的高质量分类方法．它的优势在于：第一，很不频繁的项集可能是由随机噪声导致的，对方法构造而言不可靠．而频繁的模式通常携带了构建可靠方法更多的信息增益；第二，一般而言，模式比单个属性(特征)携带更多的信息增益；第三，产生的模式一般是直观的，容易解释的．因此，挖掘有趣的、频繁的和有区分力的模式，可以用于有效地分类且具有更高的准确性．

　　本书针对数据流学习基于模式的 Hoeffding 决策树分类方法．针对数据流的流动性和可变性，设计增量更新的约束闭合频繁模式挖掘方法．并对最新的模式集合提取模式用于训练生成决策树分类模型．该分类模型也是增量更新的，采用概念漂移检测器检测概念变化，从而自动调整树结构．

1.4　本　书　结　构

　　本书主要研究非连续和连续的闭合模式挖掘算法，发现用户所需的频繁模式并用于数据流分类，本书的主要结构如下．

第 1 章是绪论．主要介绍数据流挖掘的研究背景和意义．介绍数据挖掘与数据流挖掘的主要方法的国内外研究现状．介绍本书的主要研究内容和结构．

第 2 章介绍模式挖掘研究相关工作．主要介绍数据库和数据流频繁模式挖掘的相关概念．介绍常用的模式挖掘方法和模式类型，最后介绍常用的挖掘算法评价准则和模式度量准则．

第 3 章介绍基于滑动窗口模型和时间衰减模型的闭合频繁模式挖掘算法的设计与实现．介绍一种新的均值衰减因子的研究与设计过程，通过实验验证该因子设置的合理性；提出一种闭合频繁模式挖掘算法，给出算法使用的数据结构以及具体实现步骤，并给出相关实验验证算法的优势．接着介绍基于高斯衰减策略的闭合频繁模式挖掘算法的设计与实现．介绍并分析常见的衰减因子方法．介绍研究并设计高斯衰减因子的过程．给出已有时间衰减因子设置方式和高斯衰减因子的比较，给出相关实验验证高斯衰减因子的合理性．

第 4 章介绍基于多支持度的连续闭合序列模式挖掘算法的研究与设计．介绍针对具有大量重复项的数据，设计三种支持度，并挖掘三类有趣的连续闭合模式的过程．

第 5 章介绍基于约束闭合模式的决策树分类算法的研究与设计．介绍该算法的两层实现过程，介绍约束闭合频繁模式的挖掘过程和基于模式的决策树学习过程．并介绍算法中采用概念漂移检测器检测概念变化，自适应调整树结构的过程．最后介绍针对真实数据流设计不同用户约束的过程，并挖掘出满足这些约束的闭合模式．介绍使用约束设计关联规则和决策树的过程．

第 6 章是总结与展望．对所做工作进行总结，分析研究内容的优势与不足，给出下一步研究的目标．

第2章 模式挖掘研究相关工作

本章介绍频繁模式挖掘（frequent pattern mining，FPM）的相关工作．首先介绍 FPM 相关概念，包括数据库和数据流中的频繁模式概念．其次介绍 FPM 的各种常见挖掘方法，这些方式适用于挖掘数据流中的各类问题，本章关注的是挖掘数据流中的频繁模式．接着介绍数据流中频繁模式的常见类型．模式类型的分类方法有很多，本章关注的是按照挖掘模式结果压缩程度进行分类．最后介绍数据流挖掘算法常见的评价准则和频繁模式常用的度量准则．

2.1 相 关 概 念

事务数据库（transaction database，TD）就是一些事务的集合，其中每个事务是一些项（item）的集合．项是组成一条事务数据中的一个元素．令 I 表示所有不同项的完备集合，即 $I = \{i_1, i_2, \cdots, i_m\}$，以及 D 表示所有事务的完备集合．任何非空项组成的集合称为项集（itemset）．给定一个项集 P，其出现的次数是指包含 P 的事务个数，表示为频度 $\mathrm{freq}(P)$．P 的支持度是指其出现的次数在数据库事务个数中的百分比，即 $\mathrm{support}(P) = \mathrm{freq}(P)/|D|$，$|D|$ 为数据库中事务的个数．给定用户定义的最小支持度阈值 θ，频繁模式的概念如定义 2.1 所示．

定义 2.1（频繁模式） 给定一个最小支持度的阈值 θ（$\theta \in (0,1]$），如果项集 P 满足 $\mathrm{support}(P) \geqslant \theta$，那么 P 是一个频繁模式．

数据流与静态数据库的不同在于它是不断流动的、无限的事务集合．对两者中的数据进行处理时有很大不同，如表 2-1 所示．因此对数据流进行频繁模式挖掘时不可能存储全部事务且不能对数据多次扫描．通常的处理方法是对新近的事务进行处理，挖掘最新的频繁模式集合，且是单遍扫描数据的．

表 2-1 比较处理数据库与数据流的区别

参数	数据库	数据流
数据存取	有序或者无序的	有序的
可用内存	灵活的	无限内存
计算结果	准确的	近似的
数据扫描	多次	一次
算法	处理时间没有约束	处理速度快
抽样	灵活的	需要

参数	数据库	数据流
数据速度	不需考虑	快速
数据模型	持续的	为当前数据流建模
数据概要	静态	动态

数据流 $DS = <T_1, T_2, \cdots, T_n, \cdots>$ 是一个有时间顺序的、连续的、无限的事务(transaction)序列，其中 T_n ($n = 1, 2, \cdots$)是第 n 个产生的事务. 每个事务包含一个唯一的事务标识 TID, 如表 2-2 中第 1 列所示. 由于数据流是无限的和不断流动的, 模式 P 的频度定义为最新的 N 个事务中包含模式 P 的事务数据个数, 记为 freq(P, N)(简化为 freq(P)), 模式 P 的支持度表示为 support$(P, N) =$ freq$(P, N)/N$(简化为 support(P)). 数据流中的频繁模式概念如定义 2.2 所示.

定义 2.2(数据流中频繁模式)　令 N 为数据流中最新事务项的个数, θ ($\theta \in$ (0, 1])为最小支持度阈值. 如果项集 P 满足 support$(P, N) \geqslant \theta$, 则 P 为频繁模式.

在无限的数据流中挖掘全集频繁模式会产生大量频繁模式, 尤其是数据项具有很大的关联性或者支持度阈值很低时. 为了减少模式的数量, 去除模式全集中无用的、短的模式, 可以挖掘压缩频繁模式和约束频繁模式. 常见的压缩频繁模式包括最大频繁模式(maximal frequent pattern)、闭合频繁模式(closed frequent pattern)、top-k 频繁模式(top-k frequent pattern)和三者之间的交叉模式等. 按照模式的特征, 频繁模式类型还可以分为频繁序列模式、频繁子图、时间序列模式等.

表 2-2　事务数据流

TID	事务
T_1	1 3 4
T_2	2 3 5
T_3	1 2 3 5
T_4	2 3 4 5

如果一个频繁模式没有和它支持度相同的父模式, 则它是一个闭合模式, 如定义 2.3 所示. 因此, 一个闭合模式可以表现多个支持度相同的模式. 由于每个模式的精确支持度都可以从闭合模式中找到, 因此闭合模式是一种无损压缩模式. 如果一个频繁模式没有频繁父模式, 则它是最大频繁模式, 如定义 2.4 所示. 最大频繁模式集合的大小会明显小于模式全集, 但是得不到每个模式的支持度. 因此, 它是一种有损压缩模式. 而 top-k 模式是指得到的结果集合中最频繁的 k 个模式, 如定义 2.5 所示.

定义 2.3(闭合频繁模式)　对于频繁项集 P, 若不存在频繁项集 Q 满足 $P \subset Q$

且 support(P) = support(Q)，则称 P 为闭合频繁模式.

定义 2.4(最大频繁模式)　对于频繁项集 P，若不存在频繁项集 Q 满足 $P \subset Q$，则称 P 为最大频繁模式.

定义 2.5(top-k 频繁模式)　将所有已挖掘出的项集按照支持数由高到低的顺序排序，令 θ' 为第 k 个项集的支持度，则对于频繁项集 P，若满足条件 support(P) $\geqslant \theta'$，则称 P 为 top-k 频繁模式.

示例 2.1　包含 4 个事务的数据集合如表 2-2 所示. 若设置最小支持度阈值 θ 为 0.3，则得到全集模式、最大模式、闭合模式和 top-2 模式如表 2-3 所示. 表 2-3 中值 "3 4(2)" 表示频繁模式 P = < 3 4 >且其频度 freq(P) 为 2. 从表 2-3 中可以看出闭合、最大和 top-k 模式的数量小于全集模式.

表 2-3　模式集合

全集模式	闭合模式	最大模式	top-2 模式
1(2); 2(3); 3(4); 4(2); 5(3); 13(2); 23(3); 25(3); 34(2); 35(3); 235(3)	3(4); 34(2); 13(2); 235(3)	34(2); 13(2); 235(3)	235(3); 3(4)

2.2　模 式 类 型

本节介绍常见的压缩模式和约束模式，包括闭合频繁模式、最大频繁模式、top-k 频繁模式和约束频繁模式.

2.2.1　闭合频繁模式

闭合模式是强大的频繁模式的表现方式，因为它们消除冗余信息. 一般来说，闭合频繁模式比频繁模式全集中的模式数量少得多，且闭合模式包含了频繁模式全集中的全部信息.

研究者提出了多种挖掘数据流中闭合模式的算法，常用的方式是采用滑动窗口模型. 如算法 MSW[59]、Moment[60]、TMoment[61]、IncMine[62]、CloStream + [63]、AFPCFI-DS[64] 和 TFRC-Mine[65] 等采用滑动窗口挖掘数据流的闭合频繁模式. 其中 Moment 算法挖掘滑动窗口内的频繁模式. 它设置一种闭合枚举树存储频繁闭合项集以及满足设定值的其他模式. 它存储的信息较多，但是会用最小支持度阈值来降低模式的数量. IncMine 提出了半频繁闭合模式的概念，增加了一个模式的最小支持度阈值，使得它在窗口内保留时间更长. CloStream + 算法使用闭合算子发现固定滑动窗口内的频繁模式，可以提高算法效率. TFRC-Mine 发现数据流中的闭合 top-k 频繁模式. 为了减少模式的数量, 设定了最小模式长度的约束条件. 它采用了压缩位向量表示模式，这有利于剪枝无趣的候选集合．

Moment 算法使用滑动窗口模型增量更新挖掘数据流中的闭合频繁模式[60]．该算法处理概念漂移问题的方法是使用用户定义边界，它认为任何项集的状态变化都必须跨越边界．Moment 设计一种闭合枚举树(closed enumeration tree，CET)结构存储滑动窗口内挖掘的动态项集．存储的动态项集是满足用户定义边界的闭合频繁模式和一些多余项集．

CET 是一种类似前缀树的结构，但和前缀树存储所有项集不同，它仅存储闭合项集和满足边界的非频繁项集．CET 中的每个节点 $node_I$ 表示一个项集 I，$node_J$ 表示 I 的一个孩子节点．$node_I$ 存储的信息包括：节点的类型、项集 I、I 的出现频度包含 I 的事务编号的和 tid_sum．tid_sum 是用于哈希表存储闭合项集的．

算法中定义了四种节点类型：非频繁节点、无前途节点、中间节点和闭合节点．

(1)非频繁节点(infrequent mode，INN)．节点 $node_I$ 是 INN，如果它满足：① I 是非频繁项集；②节点 $node_J$ 是节点 $node_I$ 的父节点且 J 是频繁的；③如果 $node_J$ 有兄弟节点 $node_{J'}$，且 $I = J \cup J'$，那么 J' 是频繁的．

(2)无前途节点(unpromising node，UNN)．节点 $node_I$ 是 UNN，如果它满足：① I 是频繁项集；②存在闭合频繁项集 J，使得 $J \supset I$，且两者频度相同，且 J 的字母排序顺序在 I 之前．

(3)中间节点(intermediate node，IN)．节点 $node_I$ 是 IN，如果它满足：① I 是频繁项集；②节点 $node_I$ 是节点 $node_J$ 的父节点，且两者的频度相等；③ $node_I$ 不是 UNN．

(4)闭合节点(closed node，CN)．节点 $node_I$ 是 CN，如果 I 是个闭合频繁模式．

如图 2-1 所示，图左侧是 4 个事务，图右侧是其对应的 CET．假定最小支持频度为 2，则存在 3 个 CN 存储了 3 个闭合频繁模式：c，ab，abc．图中 d 是 INN 对应的非频繁模式，原因在于其出现的频度小于 2．项集 b 和 ac 是 UNN 对应的非闭合频繁模式．原因是虽然两者是频繁的但不是闭合的，项集 b 有相同频度的父节点项集 ab，项集 ac 有相同频度的父节点项集 abc．项集 a 是 IN 对应的非闭合频繁模式．原因是项集 a 虽然是频繁的，但是它有孩子节点且两者的频度相同．

对新事务和历史事务处理时都需要考虑节点类型．当新事务 T_{new} 增加至滑动窗口内时，需要处理与 T_{new} 相关的节点 $node_I$．针对每个 $node_I$，更新它的支持度、tid_sum 和它的节点类型．对历史事务 T_{old} 删除的工作相对简单些，同样需要处理与 T_{old} 相关的节点 $node_I$．由于节点的类型不需要改变，因此针对每个 $node_I$，更新它的频度和 tid_sum．例如，图 2-1 中的数据集合中增加一个事务< a c d >，则其对应的 CET 如图 2-2 中右侧树所示．

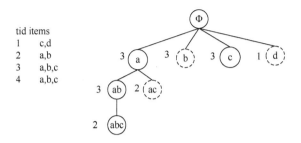

图 2-1　数据集合及其对应的 CET

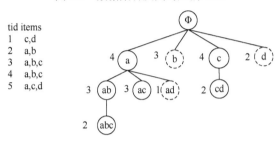

图 2-2　增加一个事务

2.2.2　最大频繁模式

最大频繁模式的目的是取长度最长的模式集合. 最大频繁模式集合的大小会明显小于模式全集. 但是从最大模式集中得不到每个模式的支持度, 因此它是一种有损压缩模式.

常用的挖掘数据流中最大模式的方法也是基于窗口模型的. 如算法 Max-FISM 采用滑动窗口挖掘高速数据流中的最大频繁模式[66]. 当处理新事务时, 采用基于前缀树的概要数据结构 Max-Set 存储它的最大项集. 这样所有最新的最大频繁项集都可以从 Max-Set 中得到. AMFIoDS 采用界标窗口挖掘数据流中的最大模式[67]. 这是一种基于 Chernoff 边界的假阴性算法, 它采用三元组存储数据概要信息. 为了提高算法效率和节省内存空间, 它仅存储真正的最大模式, 即不频繁的和临界频繁模式会被丢失. 尽管丢失了一些可能的模式, 但丢失率会通过 Chernoff 边界控制. Max-Freq-Miner 采用最大频度测量来挖掘数据流中的频繁模式[68]. 它给定最小窗口长度维持可变数据流中的少量概要信息. 在任何时间点, 最新的最大频繁模式都可以从这些概要信息中产生. WMFP-SW 算法基于滑动窗口挖掘数据流中的权重最大频繁模式[69]. 这些频繁模式需要满足最小支持度阈值和权重约束. 算法中使用一种树结构来存储权重最大频繁项集信息, 使用一种阵列结构来提高挖掘效率.

2.2.3　top-*k* 频繁模式

最大模式和 top-*k* 模式的压缩程度一般都强于闭合模式. 相比而言, top-*k* 模式压缩程度一般是最大的, 因为仅取支持度最高的 *k* 个模式. 数据流中常用的挖掘 top-*k* 模式的算法也是基于窗口模型的.

为了限定模式结果集的大小, 算法 Top-*k*-FCI 挖掘数据流中的 top-*k* 闭合模式[70]. 它使用一种基本阻尼滑动窗口, 即将滑动窗口分为多个基本窗口, 且为每个窗口设定阻尼因子. 该算法为事务中的每项设定不同的权重, 这些权重由用户定义. 这样发现的模式是满足权重支持度的. 算法 FSS 采用基于计数的和基于概要的技术挖掘 top-*k* 模式[71]. 该算法挖掘出 top-*k* 模式, 并给出它们的频度和每个模式频度的错误估计. 它还给出错误估计的强保证, 并按照模式的真正频度进行排序. 该算法还给出了错误估计和预期错误估计的随机误差界. FCI_max 算法采用滑动窗口挖掘数据流中的 top-*k* 闭合频繁模式[72]. 该算法使用最大长度来代替最小支持度用于解决丢失长度短但频度高的模式. 它不需要存储所有模式的支持数, 而是可以从闭合模式中计算出所有的支持数, 这样可以有效地挖掘出 top-*k* 闭合频繁模式.

2.2.4　约束频繁模式

约束挖掘也可以减少模式的数量, 提高模式集合的利用率. 约束挖掘 (constrained mining) 是指用户仅对频繁模式挖掘结果的一部分感兴趣, 即模式需要满足用户定义的约束[73]. 它可以降低模式的数量, 同时提高模式挖掘的效率, 可以得到更少的且更有趣的模式[74]. 常见的约束类型包括: 内容 (content) 约束, 用于筛选发现模式的内容; 长度 (length) 约束, 限制每个模式中的项数; 时间 (temporal) 约束, 考虑到时间的跨度等. 具体而言可以分为以下几种, 在不同的要求下, 可以挖掘满足不同约束类型的模式.

(1) 项约束 (item constraint): 单项或者项集必须出现或者不能出现在频繁模式中.

(2) 长度约束 (length constraint): 要求频繁模式的长度大于或者小于某个值.

(3) 超模式约束 (super-pattem constraint): 发现包含特定子模式的频繁模式.

(4) 聚集约束 (aggregate constraint): 在模式中对单项的某些属性进行合计的约束.

(5) 规则表达式约束 (regular expression constraint): 发现满足正则表达式的频繁模式.

(6) 持续时间约束 (duration constraint): 用于约束含有时间戳的数据序列中, 序列的每一项表示一个事件的发生. 这种约束要求频繁模式的第一项和最后一项之间的时间间隔大于或者小于一个给定的值.

（7）间隙约束（gap constraint）：在含有时间戳的数据序列中，它要求在序列数据库中频繁出现的模式两个相邻的元素之间满足大于或者小于给定的间隔.

Leung 设计一种基于树结构的算法发现不确定数据流中的频繁模式[73]. 为了发现满足用户需求的模式，加入了对类值取值范围的约束. Silva 设计了多个约束发现数据流中的频繁模式[74]. 他设计算法将约束加入模式树结构从而生成满足用户不同约束的模式. 这样可以从模式全集中筛选出可能的模式，会降低内存和时间消耗. Cuzzocrea 在不确定数据流中发现满足用户约束的频繁模式[75]. 算法对不同的数据流分别进行了简洁反单调约束和简洁非反单调约束的频繁模式挖掘. Kiran 采用周期频繁树结构发现大数据中的周期频繁模式，这些模式满足最小支持度阈值和最大到达间隔的约束[76].

2.3　数据流挖掘方法

由于数据流是无限的快速到达的数据序列，因此在有限的时间和空间中挖掘数据流中的频繁模式面临很大的挑战. 研究者提出了许多在数据流中挖掘频繁模式的方法，包括强调最新事务处理方法：窗口方法和衰减方法；使用不同模式生成结构的先验方法和模式增长方法；对算法产生结果集合不同要求的精确方法、近似方法、假阳性方法和假阴性方法；数据实时处理方式的在线方法和离线方法等. 本节对几种主要方法进行介绍.

2.3.1　窗口方法

为了适应数据流的特点以及大多数实际应用的需要，在数据流系统中广泛使用了窗口技术，连续地对数据流中的部分数据进行处理. 窗口是针对数据流的无限性所做的处理，使算法对数据流所做的操作限定在窗口范围之内，主要是新近的事务数据.

数据流处理常用的窗口模型有三种：界标窗口（landmark window）、滑动窗口（sliding window）和倾斜窗口（damped window）. 界标窗口固定窗口的起始点 s，窗口的另一端 e 随着数据的不断到达而增长，不断地把得到的结果输出. 算法处理 T_s 和 T_e 之间的最新事务数据. 滑动窗口对窗口的起始与结束都没有明确的定义，定义的是窗口的长度 W. 即算法处理 $T_{new-W+1}$ 和 T_{new} 之间的最新事务数据. 当新事务 T_{new+1} 到达时，历史事务 $T_{new-W+1}$ 会移除窗口. 处在窗口内的事务具有相等的重要性. 窗口保持一定的长度在数据流上进行滑动，不断地把得到的结果输出. 倾斜窗口又称为衰减窗口，它有固定的时间起点 s，窗口的另一端 e 随着数据流的到达不断增长．但是不同时间段的数据具有不同的权重．即历史数据所占权重很小，而新数据权重大．算法处理 T_s 和 T_e 之间的最新事务数据．

数据流挖掘最常用的窗口模型是滑动窗口模型 (sliding window model, SWM)．滑动窗口模型包括固定 SWM 与可变 SWM．在任意时刻，前者窗口内最新事务的个数是固定的；而后者的最新事务个数是可变的．算法设计对窗口内的最新事务进行处理．

固定 SWM 会按照经验给定窗口大小，且该值是固定的．例如，MSW[59]、SWCA[77]、EclatDS[78]、SWP-Tree[79] 和 SA-Miner[80] 采用滑动窗口发现模式结果集．EclatDS 将滑动窗口分割成多个窗格，存储一个项相关的信息．并通过对项集频度改变的分析来改变窗格适应概念漂移问题．SA-Miner 算法基于概念描述和概念学习提出一种支持度近似方式来发现滑动窗口内的频繁项集．可变滑动窗口大小的改变有多种策略．在时间衰减模型中按照高查全率假设，通过对频繁项集的衰减频度估计来缩短或扩大窗口大小[79]．FIMoTS 算法中使用基于时间戳的滑动窗口模型，接着转化为基于事务的可变滑动窗口进行处理[81]．窗口大小的改变受到模式的频度变化影响．VSW 算法中使用一种可变大小滑动窗口发现数据流中的频繁模式[82]．窗口大小由达到数据的概念改变数量动态决定．当概念平稳时，窗口扩展．而当概念改变时，窗口收缩．LDS 是基于 Eclat 算法的，它使用一种动态大小滑动窗口发现数据流中的频繁模式[83]．窗口的大小布局受到窗口内项的一组简单列表控制．

图 2-3 是采用固定滑动窗口处理新事务的过程．图 2-3(a) 中处理最新事务 T_{new}，采用的滑动窗口大小为 N．当处理新事务 T_{new} 时，由于滑动窗口大小为 N，则事务 $T_{\text{new}-N+1}$ 和 $T_{\text{new}'-N+1}$ 之间的 $|\text{new}' - \text{new}|$ 个事务将被移出窗口，如图 2-3(b) 所示．移出的方法可以是单个移出或批量移出．为了避免窗口内的事务出现概念漂移现象，一般窗口的大小不会很大．

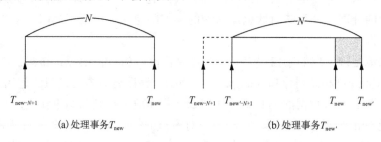

(a) 处理事务 T_{new} (b) 处理事务 $T_{\text{new}'}$

图 2-3 固定大小滑动窗口的移动

2.3.2 衰减方法

很多数据流频繁模式挖掘算法为每个事务赋予相同的重要性或权重．然而，一些时间敏感的数据流应用认为最新产生的事务比历史事务更重要. 时间衰减模型是处理时间敏感数据流频繁模式挖掘的一种有效方法, 它是一种随着时间的推移而逐步衰减历史模式支持数权重的方法, 它强调新近事务产生模式的重要性.

如算法 SWP-Tree 使用可变滑动窗口发现数据流中的频繁模式[79]. 为了强调最新频繁模式, 使用时间衰减模型来区分新旧事务产生的模式. 设计一种增量更新的树结构记录模式信息, 从而提高事务的处理速度. TFUHS-Stream 提出了基于超结构的假阳性算法 TFUHS-Stream 处理不确定数据流, 使用固定滑动窗口模型和时间衰减方法发现频繁模式[84]. GUIDE 使用设定用户定义的时间衰减函数来降低历史事务的权重, 在固定滑动窗口模型中发现数据流的最大高效用(high utility)频繁项集[85]. IncSpam 使用固定衰减因子值的时间衰减模型发现可扩展滑动窗口模型中的频繁项集[86]. 它使用可扩展排序树存储所有当前滑动窗口内的模式, 可以减少时间和内存消耗. λ-HCount 采用时间衰减模型计算数据流中的频度, 其中设定衰减因子为 0.98~1 的常量值[87]. 采用 r 哈希函数估计数据流中项的密度值, 从而发现频繁模式.

MSW(mining sliding window)算法是使用固定滑动窗口模型和时间衰减模型挖掘数据流中的全集频繁模式的经典算法之一[59]. 该算法使用一种滑动窗口树 SW-tree 存储最新的模式信息, 并周期性地对树结构剪枝, 去除历史频繁模式和不频繁的模式. 该算法使用时间衰减模型逐步降低历史事务模式支持数的权重, 并由此来区分最近产生事务与历史事务的模式.

滑动窗口树 SW-tree 是一种基于频繁模式树 FP-tree 的改进前缀树, 它的树结构包括以下几方面.

(1)除了根节点, 每个节点包括 4 个数据域: 项 item_name、频度 count、链表头 node_link 和记录最近的包含该节点所表示模式的事务标识 tid.

(2)各个分支上的节点按照预先定义的全序关系排序.

(3)使用数据项头表(item-list table)索引 SW-tree 上的数据项, 且表中的数据项与 SW-tree 有相同的全序关系排序.

(4)SW-tree 数据项头表包含四个数据域: item_name、head of node_link、tid 和 count.

新事务到达时需要增量更新 SW-tree. 由于 SW-tree 上各分支节点排列的顺序与各数据项在数据流中出现的先后顺序及出现的频率无关. 因此数据的处理及滑动窗口树的增量更新不依赖数据流中未来达到的数据. 例如, 设置 $f = 0.8$, 给定数据流如图 2-4 最左侧所示, 包含 7 个事务. 其对应的数据项头表和 SW-tree 如图 2-4 的右侧所示. 新事务的处理过程如算法 2.1 所示.

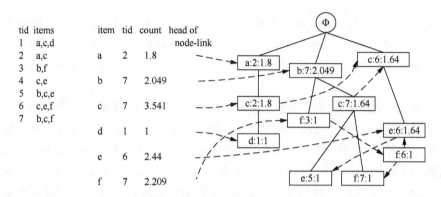

图 2-4　数据集及其对应的 SW-tree

算法 2.1　增量更新滑动窗口树 IncrementUpdate $(T_{\text{new}}, \text{Root})$.

输入：T_{new} 为新事务，Root 为树的根节点

输出：SW-tree

1.　定义 SW-tree 上的初始插入位置 InsertNode，并初始化 InsertNode 为 Root

2.　For each item of T_{new}, l 表示 item 在 T_{new} 中的位置

3.　　获取 T_{new} 的 l-前缀模式 P

4.　　在 InsertNode 的孩子节点中查找能够表示模式 P 的节点

5.　　If 查找成功，标记该节点为 node

6.　　Then 更新该节点的计数器与时间戳

7.　　Else 创建一个新的节点 node，并将其插入 SW-tree 上作为 InsertNode 的
　　　　孩子节点，用于表示模式 P

8.　　　　完成数据项头表与节点 node 的指针连接

9.　　Set InsertNode = node

2.3.3　模式增长方法

从模式产生的角度考虑，频繁模式挖掘方法可以分为先验方法和模式增长方法. 先验 (apriori) 方法是基于反单调性的，即如果长度为 k 的模式是非频繁的，则其长度为 $k+1$ 的父模式也不可能是频繁的. 基于这种理论，长度为 $k+1$ 的候选模式可以迭代地从长度为 k 的频繁模式集合中产生. 先验方法的最大消耗在于候选模式的产生和测试，包括处理大量的候选集合，反复地扫描数据和检查大量的候选集合是否为模式. 尤其是处理长模式或支持度低时，这个问题更加严重.

为了解决先验方法中的不足，研究者提供了模式树 (fp-tree) 结构存储有用的模式信息. 模式增长 (fp-growth) 方法是一种不产生候选项集的频繁模式增长算法，

它采用分而治之的策略,即采用频繁模式树存储数据压缩信息和模式相关信息.然后将压缩数据分成一组条件数据,每组条件数据关联一个频繁项,对各组条件数据进行递归挖掘.与先验方法相比,模式树的结构更加紧凑,信息更丰富.更重要的是基于树结构的算法比先验方法更加有效,因为不需要产生候选集合.

常用的模式树结构是前缀树(prefix tree).如算法 SWP-Tree 设计前缀树结构用于发现滑动窗口内的频繁模式[79].它与模式树的不同主要在于安排项的顺序的方式不同.在模式树中项是按照频度降序排序的,而 SWP-Tree 中是按照预定义的顺序排序的,如项的字母顺序.

estDec[20]和 estDec + [21]算法用于挖掘数据流中的全集频繁模式,它采用滑动窗口模型处理新近的事务,避免概念漂移问题.estDec 使用一种有序树结构-前缀树(prefix tree,P-tree)来存储显要模式(significant itemsets),而这些显要模式就是可能的频繁模式.显要模式是指支持度不小于用户定义的最小显要阈值 sigsup(该支持度小于最小支持度阈值,即 sigsup≤minsup)的模式.由于数据流中存在的模式是不断变化的,因此采用前缀树存储的新近显要模式也会随着时间改变.

假定当前的数据流为 S_k,最新的实例为 T_{new},则其对应的前缀树 P-tree$_k$ 创建过程包括三步,得到的树如图 2-5 所示,树中包含的项集如表 2-4 所示.

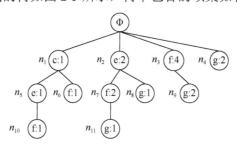

图 2-5　一棵前缀树 P-tree$_k$

表 2-4　P-tree$_k$ 中的项集

节点	项集	节点	项集	节点	项集
root	Φ	n_4	g	n_8	eg
n_1	c	n_5	ce	n_9	fg
n_2	e	n_6	cf	n_{10}	cef
n_3	f	n_7	ef	n_{11}	efg

Step1:初始化 P-tree$_k$,其根节点为 n_{root},值为"null".除了根节点,其他的节点都有一个项 i ($i∈I$).

Step2:每个 P-tree$_k$ 的节点包括两个字段:item-name 和 count.其中 item-name 是节点中的项,count 是节点中项的数量或频度.

Step3：给定项集 $e = i_1 i_2 \cdots i_m$，其中 e 中的项是字母排序的，则 P-tree$_k$ 中路径 root$\rightarrow i_1 \rightarrow \cdots \rightarrow i_m$ $(i_m \in I, m \geqslant 1)$ 的最后一个节点表示 e.

estDec 算法处理数据流的过程中，由于显要模式总是不断增加的，而前缀树是存储在内存中的，所以若树结构达到了内存的极限，则不会再增加新的显要模式. 这样会导致算法的正确率降低.

estDec + 算法与 estDec 算法的不同之处在于，它使用压缩前缀树 (compressible prefix tree，CP-tree) 而不是前缀树来存储显要模式[21]. 前缀树中的两个或多个节点可以合并成 CP-tree 的一个节点，条件是这些节点对应的项集支持度差异在用户给定的 δ 范围内.

为了降低 P-tree 的大小，需要对它进行简化. 如果两个节点中的项集彼此相似则可以压缩为一个节点. 如果一棵 P-tree 中的子树中的所有项集相似，则它可以简化为一个节点. 令 P-tree$_k$ 为使用 estDec 算法对数据流 S 挖掘产生的前缀树，CP-tree$_k$ 为其对应的合并子树. 对应图 2-5 的 CP-tree$_k$，如图 2-6 所示，其中的项集如表 2-5 所示. 其中根节点为 e_r，e_j 为 CP-tree$_k$ 中的节点，则 e_j 满足下列表达式：

$$\forall e_j \in \text{CP-tree}_k, \quad \left| C(e_r) - C(e_j) \right| / N \leqslant \delta, \quad 1 \leqslant j \leqslant |\text{CP-tree}_k|$$

其中，变量 N 为数据流中的实例个数；$|\text{CP-tree}_k|$ 为合并子树中节点的个数.

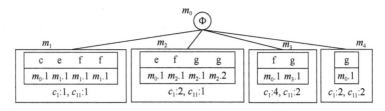

图 2-6　一棵 P-tree$_k$ 的压缩前缀树 CP-tree$_k$

表 2-5　CP-tree$_k$ 中的项集

节点	项集	P-tree$_k$ 中的项集
root	Φ	Φ
m_1	cef	c,ce,cf,cef
m_2	efg	e,ef,eg,efg
m_3	fg	f,g,fg
m_4	g	g

2.3.4　近似方法

按照得到的结果集的精确度，模式挖掘算法可以分为精确和近似方法. 精确算法在频繁模式挖掘过程中在窗口内存储所有的项集和它们精确的频度，原因在于概念漂移可能使得非频繁模式在未来转变为频繁模式．但是存储全部的项集，会使得内存和 CPU 消耗变得非常大．尽管精确挖掘算法可能适用于小的滑动窗口和达到速率慢的数据流，但是它不适用于大的滑动窗口．相比而言，近似算法是处理数据流的广泛应用方法．在大多数情况下，用户更需要的模式是通用的、有趣的或不普通的模式，而不是精确模式．因此，近似的但是及时的、在允许误差界内的模式结果集更满足用户的需求．按照挖掘的模式结果集合是否包含非频繁模式，近似算法可以用假阳性和假阴性方法．

SWCA 是一种近似算法，用于发现事务数据流中的频繁模式[77]．它使用某些维护信息得到近似的项集计数，包括这些项集的子集的技术．它集成了一种技术动态的设定参数用于不同项集的近似计数，这样它可以自适应不同特征的数据流．SWCA 算法还通过不断调整项集的近似计数从而得到更准确的结果集．GGACFI-MFW 是挖掘数据流中闭合频繁模式的近似算法[88]．它设计一种最大频度窗口模型和最大频度模式树结构来存储闭合频繁模式的概要信息．该算法设定一种近似率限定挖掘模式集合的大小，得到近似的模式结果集．AMFIoDS 是基于界标滑动窗口挖掘数据流中最大频繁模式的近似算法[67]．它设计基于 Chernoff 边界的概率参数挖掘假阴性模式结果集．FPNA 是挖掘数据流中频繁模式的近似算法[89]．它提出一种频繁模式网络，并且在此网络的基础上进行频度的近似统计．在频繁模式网络中，边和角是数据的概要信息．这种网络结构是小且紧凑的数据结构，可以适应弹性最小支持度．

2.3.5　假阳性与假阴性方法

由于概念漂移问题，非频繁模式可能转变为频繁模式，因此算法处理数据流过程中需要维持频繁模式和半频繁模式．由于非频繁模式的数量巨大，而数据流挖掘面临内存限制，因此，非频繁模式会被丢弃．这样可能存在一些错误，因为某些非频繁模式可能转变为频繁模式．用户可以采用假阳性 (false-positive) 算法或假阴性 (false-negative) 算法得到频繁模式保证概率．前者在模式结果集合中会包含一些非频繁模式，为了保证尽可能地不丢失频繁模式；后者挖掘的模式结果集合中全是频繁模式，但可能丢失一些频繁模式．

为了不丢失可能的模式，很多算法是假阳性算法，如 Sticky Sampling[18]、Lossy-Counting[18] 和 SWP-tree[79] 等．即给定允许的误差参数 ζ，最小支持度阈值 θ，算法挖掘支持度满足 θ-ζ 的频繁项集．FDPM 是一种假阴性算法，它挖掘高速数据流中的频繁模式[90]．FDPM 设定内存消耗阈值，并采用 Chernoff 边界设定允许错误参数来剪枝项集和控制内存．由于是假阴性算法，因此研究者预定义参数保证频繁模式结果集的查全率在可接受范围内．

2.4　算法评价准则

数据流频繁模式挖掘算法的评价准则包括时间和空间消耗，以及算法精确性等．常用的算法精确性度量准则包括查全率 (recall)、查准率 (precision) [90] 和平均支持度误差 (average support error，ASE) [21] 等．

查全率用于判定得到模式集合的完整性，即值越高表示丢失可能频繁模式越少．查准率用于判定得到模式集合的准确性，即值越高表示得到的模式集合中非频繁模式越少．通常 FPM 算法的设计期望是同时得到高查全率和高查准率．但是由于两者不可能同时得到，因此算法设计时需要进行查全率与查准率的平衡和取舍．平均支持度误差反映出算法得到的频繁模式估计支持度和其真实支持度的误差比率．

给定作为比较的基准频繁模式集合 A 和挖掘出的频繁模式集合 B，则查全率和查准率的定义如式 (2-1) 所示．若 rs_p 表示模式 p 的基准支持度，as_p 表示模式 p 的挖掘支持度，则平均支持度误差定义如式 (2-2) 所示．

$$\mathrm{recall} = \frac{|A \cap B|}{|A|}, \quad \mathrm{precision} = \frac{|AK \cap B|}{|B|} \tag{2-1}$$

$$\mathrm{ASE} = \frac{\sum\limits_{p \in A \cap B} |\mathrm{rs}_p - \mathrm{as}_p|}{\sum\limits_{p \in A \cap B} \mathrm{rs}_p} \tag{2-2}$$

2.5　模式度量准则

模式度量方式可以用于筛选与排序模式，生成有趣的模式集合，用于创建分类模型．常用度量准则包括支持度、置信度、提升度、χ^2、全置信度 (all_confidence)、最大置信度 (max_confidence)、Kulczynski 度量、余弦度量、Laplace 度量、基尼指数度量、信息增益度量、标准互信息度量和最小描述长度等．

不同需求条件下可以选择不同的度量准则．如关联分类规则中选择模式度量需要考虑两个特性：零不变性 (null-invariant) 和不平衡性 (imbalance) [1]．为了处理零事务，应选择具有零不变性的度量，同时为了不平衡性，可以使用 Kluczynski 度量标准衡量模式之间的相关性．因此可以选择支持度、置信度和 Kluczynski 度量生成关联规则，给定两个项集 X 和 Y，使用的度量准则如式 (2-3)～式 (2-5) 所示．信息增益、Gini 指数和互信息度量准则可以用于决策树分类属性的选择，如式 (2-6)～式 (2-8) 所示．

$$\text{support}(X,Y) = P(XY) \tag{2-3}$$

$$\text{confidence}(X,Y) = P(Y \mid X) \tag{2-4}$$

$$\text{Kulc}(X,Y) = 0.5 \times (P(X \mid Y) + P(Y \mid X)) \tag{2-5}$$

$$\text{Gini}(X,Y) = P(X)\{P(Y \mid X)^2 + P(\neg Y \mid X)^2\} + P(\neg X)\{P(Y \mid \neg X)^2 \\ + P(\neg Y \mid \neg X)^2\} \tag{2-6}$$

$$IG(X,Y) = \log_2 \frac{P(XY)}{P(X)P(Y)} \tag{2-7}$$

$$I(X,Y) = -\frac{\sum_i \sum_j P(X_i Y_j) \times \log_2 \dfrac{P(X_i Y_j)}{P(Y_j)P(X_i)}}{\sum_i P(X_i) \times \log_2 P(X_i)} \tag{2-8}$$

第 3 章 基于时间衰减模型的闭合模式挖掘算法

时间衰减模型是一种随着时间的推移而逐步衰减历史模式权重的方法，它的性能主要依赖于衰减因子的设置．本章首先介绍已有时间衰减因子设置方式和它们的不足，然后提出两种新的衰减因子设置方式，最后在两者基础上分别设计基于时间衰减模型的闭合模式挖掘算法．

3.1 引   言

数据流不断流动可能使得最近产生的事务所蕴含的知识要比历史事务的知识有价值得多[59, 79, 81]．因此，在数据流的频繁模式挖掘过程中，希望强调最近事务产生的频繁模式，而减少历史事务产生频繁模式的可能性．通常的方式是采用滑动窗口模型[60, 62, 63, 79, 84, 85]和时间衰减模型[81, 84-86, 89]来挖掘频繁模式．前者用于强调在窗口大小内挖掘频繁模式，后者则进一步强调在窗口内也要区分最新和历史事务．采用这种方式的研究重点在于确定几个参数之间的关系：窗口大小、最小支持度阈值、最大允许误差阈值、时间衰减因子．通常情况下，难点在于确定前 3 个参数后如何确定时间衰减因子的取值．

近年来，常用衰减模型中衰减因子的设置方式分为 3 类．

(1) 在衰减因子取值范围 (0, 1) 中随机定义一个值[85-87, 94, 106]．

(2) 基于对算法 100%查全率或 100%查准率的估计，设计衰减因子取值的上下界值；然后，取衰减因子的边界值[76, 77]或在两者之间随机取值来设置衰减因子[77]．

(3) 采用特定值设置衰减因子，如半生命周期 (half-life) 方式[84]、指数形式[98, 102]等．这种设置方式与设置衰减因子的下界方式(假定查全率为 100%)的表现相近似．

以上设置衰减因子方式的不足在于采用随机值设置衰减因子会导致挖掘结果的不稳定性．使用查全率或查准率估计或使用特定值等方式设置衰减因子可以得到高的查全率或查准率，而对应的算法的查准率和查全率较低．

为了解决数据流模式挖掘中的概念漂移问题，强调新旧事务不同的重要性，提高闭合频繁模式挖掘的效率，本章的贡献主要包括以下几个方面．

(1) 针对已有衰减因子设置方式的不足，提出了一种均值衰减因子．目的是使设计的算法可以在高查全率和高查准率之间得到平衡，且得到的算法性能是稳定的.

(2) 为了区分最新和历史事务, 给它们设置不同的衰减强度, 提出了一种采用高斯函数设置衰减模型的方式. 目的是得到更加合理的结果集合.

(3) 为了解决概念漂移问题, 避免丢失可能的频繁模式, 提出了一种最小支持度 θ-最大误差率 ε-衰减因子 f 的结构.

(4) 提出了基于闭合算子[60, 92]的数据结构用于挖掘闭合模式, 目的是得到有趣压缩的模式结果集合, 提高算法执行的效率.

3.2 节介绍采用闭合算子的闭合模式的选择方法, 采用时间衰减模型的新近事务处理方法和频繁与临界频繁闭合模式定义. 3.3 节主要介绍基于均值衰减因子和闭合算子的闭合模式挖掘算法的设计过程与实验分析. 3.4 节介绍基于高斯衰减因子和堆积衰减值的算法设计过程与实验分析. 3.5 节是本章小结.

3.2　背　景　知　识

本节介绍闭合模式挖掘相关概念, 包括选择闭合模式的闭合算子、处理概念漂移问题的时间衰减模型, 以及基于最小支持度-最大误差率-衰减因子结构的闭合模式相关定义.

3.2.1　闭合模式选择方法

为了提高挖掘闭合模式的速度, 本节采用闭合算子来筛选闭合模式. 采用闭合算子挖掘闭合模式的效率优于 CFI-Stream[97]、NewMoment[98] 和 Moment[60] 等经典数据流闭合模式挖掘方式[60]. 闭合算子和采用闭合算子的闭合项集概念如定义 3.1~定义 3.2 所示.

定义 3.1(闭合算子[63, 92])　设 T 是事务集合 D 的子集, $T \subseteq D$. Y 是 D 中出现的所有项集合 I 的子集, $Y \subseteq I$. 定义函数 h 和 g:

$$h(T) = \{i \in I \mid \forall t \in T, \ i \in t\}, \quad g(Y) = \{t \in D \mid \forall i \in D, \ i \in t\}$$

其中, 函数 h 的输入参数是事务集合 T, 输出是 T 中所有事务都包含的一个项集. 函数 g 的输入是项集 Y, 输出是包含 Y 的事务集. 函数

$$C = h \circ g = h(g)$$

称为闭合算子.

定义 3.2(闭合项集[63])　如果项集 P 满足式 (3-1), 则 P 是闭合项集, 否则为非闭合模式. 其中函数 maxlength(Z) 表示取 Z 中最长项集.

$$P = C(P) = \text{maxlength}(h \circ g(P)) = \text{maxlength}(h(g(P))) \tag{3-1}$$

对式 (3-1) 进行解释, 其中 $g(P)$ 表示包含项集 P 的事务集合, $h(g(P))$ 表示包

含项集 P 的事务集合中都包含的一个项集. $P = \text{maxlength}\{h(g(P))\}$ 表示如果包含项集 P 的事务集合中都包含的一个最长项集是 P，则 P 是闭合项集.

示例 3.1　以表 2-2 中数据集合为例,假定最小支持度 θ 为 0.5. 项集 $P_1 = \{3\ 4\}$ 是闭合频繁项集，其支持度 $\text{support}(P_1) = 0.5$. 由于 $g(P_1) = \{T_1, T_4\}$，即事务 $T_1 = \{1\ 3\ 4\}$，$T_4 = \{2\ 3\ 4\ 5\}$ 包含项集 P_1. 而 $h(g(P_1)) = h(T_1, T_4) = \{\{3\}, \{4\}, \{3\ 4\}\}$，这三个项集的支持度都是 0.5. 其中最长模式是 $\{3\ 4\} = P_1$，即满足 $P_1 = \text{maxlength}\{h(g(P_1))\}$，所以 P_1 是闭合频繁项集. 而项集 $P_2 = \{3\ 5\}$ 不是闭合频繁项集. 由于 $g(P_2) = \{T_2, T_3, T_4\}$，即事务 $T_2 = \{2\ 3\ 5\}$，$T_3 = \{1\ 2\ 3\ 5\}$，$T_4 = \{2\ 3\ 4\ 5\}$ 包含项集 $\{3\ 5\}$. 而 $h(g(P_1)) = h(T_1, T_4) = \{\{2\}, \{3\}, \{5\}, \{2\ 3\}, \{2\ 5\}, \{2\ 3\ 5\}\}$，这些项集支持度都为 0.75. 其中最长项集为 $\{2\ 3\ 5\} \neq P_2$，因此 P_2 不是闭合频繁项集.

3.2.2　新近事务处理方法

时间衰减模型是数据流挖掘中处理新近事务常用的方法之一. 设模式频度在单位时间内的衰减比例为衰减因子 f，其中 $f \in (0,1)$. 记事务 T_n 到达时模式 P 的衰减频度为 $\text{freq}_d(P, T_n)$（简记为 $\text{freq}_d(P)$），则第 m 个事务 T_m 到达时模式 P 的频度满足式 (3-2) 和式 (3-3). 其中如果事务 T_m 包含 P，则 $r = 1$，否则 $r = 0$.

$$\text{freq}_d(P, T_m) = \begin{cases} r, & m = 1 \\ \text{freq}_d(P, T_{m-1}) \times f + r, & m \geqslant 2 \end{cases} \tag{3-2}$$

$$r = \begin{cases} 1, & P \subseteq T_m \\ 0, & \text{否则} \end{cases} \tag{3-3}$$

通过式 (3-4) 可以分析出使用了衰减因子之后模式频度小于非衰减时的频度，且随着 f 的不同得到的值差异较大. 当 $f = 0.8$ 时，采用式 (3-4) 可以得到的模式频度小于 $1/(1 - f) = 1/(1 - 0.8) = 5$；而当 $f = 0.999$ 时，得到的频度小于 1000. 因此，仅使用最小支持度来挖掘频繁模式会丢失一定数量的模式. 为了解决这个问题，需要降低最小支持度的阈值，使用最大允许误差阈值以及考虑衰减因子 f 的设置问题.

$$\begin{aligned} \text{freq}_d(P, T_m) &= \text{freq}_d(P, T_{m-1}) \times f + r \\ &= \sum_i r_i \times f^{m-i} = r_1 \times f^{m-1} + r_2 \times f^{m-2} + \cdots + r_m \\ &\leqslant f^{m-1} + f^{m-2} + \cdots + 1 \\ &\leqslant \frac{1}{1-f} \end{aligned} \tag{3-4}$$

3.2.3　频繁与临界频繁闭合模式

按照常规的最小支持度进行模式挖掘会丢失一些可能的频繁模式. 为了解

决这个问题，使得采用时间衰减模型后正确率接近于常规模式挖掘，需要设置最大允许误差阈值 ε. 在基于最小支持度 θ-最大误差率 ε-衰减因子 f 结构的基础上，算法挖掘过程中应保留频繁项集和临界频繁项集，丢弃非频繁项集，如定义 3.3 所示.

定义 3.3（频繁、临界频繁、非频繁模式） 令 N 为数据流中最新的事务项个数，$\theta (\theta \in (0,1])$ 为最小支持度阈值，$\varepsilon (\varepsilon \in (0, \theta))$ 为最大允许误差阈值. 如果项集 P 满足 $\text{freq}_d(P, N) \geqslant \theta \times N$，则 P 为频繁模式；否则，如果项集 P 满足 $\text{freq}_d(P, N) \geqslant \varepsilon \times N$，则 P 为临界频繁模式；否则，P 为非频繁模式.

使用 θ 和 ε 定义闭合模式、临界闭合模式和非闭合模式如定义 3.4 所示. 本节设计算法采用的数据结构中发现闭合频繁模式的方法是基于闭合算子的. 将所有闭合和临界闭合频繁模式全部挖掘出来，以保证在时间衰减模型下丢失可能频繁模式的概率不高于 ε.

定义 3.4（频繁闭合、临界频繁闭合、非频繁闭合模式） 令 N 为数据流中最新事务项的个数，$\theta (\theta \in (0,1])$ 为最小支持度阈值，$\varepsilon (\varepsilon \in (0, \theta))$ 为最大允许误差阈值. 如果闭合项集 P 满足 $\text{freq}_d(P, N) \geqslant \theta \times N$，则 P 为频繁闭合模式；否则，如果项集 P 满足 $\text{freq}_d(P, N) \geqslant \varepsilon \times N$，则 P 为临界频繁闭合模式；否则，P 为非频繁闭合模式.

示例 3.2 假定数据流如表 2-2 所示，设置最小支持度 $\theta = 0.5$，最大允许误差值 $\varepsilon = 0.1 \times \theta$，设定 $f = 0.8$. 使用式 (3-2) 生成衰减频度，则得到的闭合频繁模式集合如表 3-1 所示. 可以得到 6 个模式，这些模式的衰减频度大于 $\varepsilon \times N = 0.1 \times 0.5 \times 4 = 0.2$.

表 3-1　使用衰减模型得到的闭合模式

PID	闭合模式	$\text{freq}_d(P)$
P_1	1 3 4	0.512
P_2	2 3 5	2.44
P_3	3	2.952
P_4	1 2 3 5	0.8
P_5	2 3 4 5	1
P_6	3 4	1.512

3.3 基于均值衰减因子的挖掘算法

本节首先介绍均值衰减因子的设计，然后给出基于均值衰减因子的闭合模式挖掘算法使用的数据结构以及算法设计步骤，最后给出相关的实验分析.

3.3.1　均值衰减因子研究

给定窗口大小 N、最小支持度阈值 θ 和最大允许误差阈值 ε 这三个参数之后，如何确定衰减因子 f 的值？常用方式采用随机值，或假定 100% 的查全率和 100% 的查准率来估计[59, 79]. 即设定查全率（recall）为 100% 时，f 应满足式(3-5)，称为下界值. 设定查准率（precision）为 100% 时，f 满足式(3-6)，称为上界值.

$$\sqrt[(2N-\theta N-1)]{[(\theta-\varepsilon)/\theta]^2} \leqslant f \leqslant 1, \quad \text{recall}=100\% \tag{3-5}$$

$$0 < f < \frac{(\theta-\varepsilon)N-1}{(\theta-\varepsilon)N}, \quad \text{precision}=100\% \tag{3-6}$$

常用的 f 设置方式是采用满足式(3-5)和式(3-6)的随机值或边界值. 这两种方式的最大不足是仅考虑了查全率或查准率，而忽略了对应的查准率或查全率. 且由于衰减因子设置的随机性，算法得到的模式结果集合具有不稳定性. 由于算法的查全率和查准率不可能同时为 100%，所以选择 f 时应考虑对两者的平衡. 为此本节提出了均值衰减因子设置方式，即设置 f 为上下边界的平均值，则标记为 f_{average}. 取边界值 f_{recall} 和 $f_{\text{precision}}$，f_{average} 的取值如式(3-7)～式(3-9)所示.

$$f_{\text{recall}} = \sqrt[(2N-\theta N-1)]{[(\theta-\varepsilon)/\theta]^2} \tag{3-7}$$

$$f_{\text{precision}} = \frac{(\theta-\varepsilon)N-1}{(\theta-\varepsilon)N} \tag{3-8}$$

$$f_{\text{average}} = (f_{\text{recall}} + f_{\text{precision}})/2 \tag{3-9}$$

示例 3.3　假设 $N=10000$，设定 θ，ε 如表 3-2 所示. 其中 f_{recall} 为假定 recall = 100% 时得到的下界值. $f_{\text{precision}}$ 为假定 precision = 100% 时得到的上界值. 在得到 f_{recall} 和 $f_{\text{precision}}$ 后，可以有三个策略设置衰减因子的值. 以 $\theta=0.025$，$\varepsilon=0.05\times\theta$ 为例，可以选定 $f=f_{\text{recall}}=0.999995$，$f=f_{\text{precision}}=0.995789$ 或 $f=f_{\text{average}}=0.997892$. 从表 3-2 中可以看出，不同衰减因子的初始值差别很小，但当衰减 100 次后得到的衰减值差别就变得明显了.

表 3-2　设置不同衰减因子

θ	ε	f_{recall}	$f_{\text{precision}}$	f_{average}	f_{recall}^{100}	$f_{\text{precision}}^{100}$	f_{average}^{100}
0.05	$0.05\times\theta$	0.999995	0.997895	0.998945	0.9995	0.8100	0.8998
0.05	$0.1\times\theta$	0.999989	0.997778	0.998884	0.9989	0.8006	0.8943
0.05	$0.5\times\theta$	0.999929	0.996	0.997965	0.9929	0.6698	0.8157
0.025	$0.05\times\theta$	0.999995	0.995789	0.997892	0.9995	0.6557	0.8098
0.025	$0.1\times\theta$	0.999989	0.995556	0.997773	0.9989	0.6406	0.8002
0.025	$0.5\times\theta$	0.99993	0.992	0.995965	0.9930	0.4479	0.6674

通过本节实验验证设置 f 为 f_{average} 不仅可以得到稳定的模式结果集，且得到结

果集的查全率与查准率更平衡. 因此算法中设计衰减因子 f 的值为均值衰减因子 f_{average} 理论上是合理的.

3.3.2　算法设计

本节首先介绍算法使用的数据结构, 然后详细讨论基于 θ-ε-f 三层结构的闭合频繁模式挖掘(TDM-based closed frequent pattern mining on data stream, TDMCS)算法的设计思路.

本节使用了与 CloStream 算法[63, 92]相似的三个数据结构, 包括 ClosedTable[92]、CidList[92]和 NewTransactionTable. 其中 ClosedTable 用于存储闭合模式相关的信息, 包括三个字段: Cid、CP 和 SCP. Cid 用于唯一地标识每一个闭合模式 CP, SCP 是闭合模式 CP 对应的衰减频度. CidList 用于维护事务中出现的每个项 item 和包含该项的闭合模式对应的 Cid 集合. 临时新事务表 NewTransactionTable 包含与新事务 T_{new} 相关的信息, 包括两个字段: TempItem 和 Cid. 其中 TempItem 存储满足条件 $\{CP_i \cap T_{\text{new}},\ CP_i \in \text{ClosdeTable}\}$ 的项集信息.

TDMCS 算法采用滑动窗口与时间衰减模型在数据流中挖掘闭合频繁模式, 主要包括处理新事务和旧事务的两个方法: TDMCSADD(T_{new}) 和 TDMCSREMOVE(T_{old}). TDMCSADD 处理新事务的过程主要包括三个步骤.

Step1: 参照 ClosedTable 查找与最新事务 T_{new} 相关的频繁项集合 $interS = CP_i \cap T_{\text{new}}$, 其中 $CP_i \in \text{ClosdeTable}$.

Step2: 取频繁项集合 $interS$ 中的每个项集 itemset, 如果 itemset 为新的频繁项集, 则加入 ClosedTable. 同步更新 CidList.

Step3: 若已经存在 itemset$\in$ClosedTable, 则更新已有模式.

(1)如果依然是闭合模式, 则更新其衰减频度.

(2)新数据的到来使之成为非闭合模式, 则删除. 同步更新 CidList.

具体的过程是, 事务 T_{new} 到达时将它存入 NewTransactionTable, 接着比较 CidList 和 T_{new} 中的每个项 item, 找到 $interS$ 后更新 NewTransactionTable. 然后参照 NewTransactionTable, 在 ClosedTable 中添加新的模式或者更新已有的模式, 同时更新 CidList. 如此反复, 随着数据的到达不断地更新.

示例 3.4　假定数据流如表 2-2 所示, 设置最小支持度阈值 $\theta = 0.5$, 最大允许误差阈值 $\varepsilon = 0.1 \times \theta$, 设定 $f = 0.8$. 使用式(3-2)生成衰减频度, 挖掘过程如图 3-1 所示. 当一个新事务到达时, 更新整个 ClosedTable 表, 具体的计数过程如 FrequentTable 所示. 例如, 当事务 T_3 到达时, 工作过程如下所示.

(1)先更新表中已有的模式.

$freq_d(\{1\ 3\ 4\}) = 0.8 \times f + r^{(3)} = 0.64$, 其中, $r^{(3)} = 0$; $freq_d(\{2\ 3\ 5\}) = 1 \times f + r^{(3)} = 1.8$, $freq_d(\{3\}) = 1.8 \times f + r^{(3)} = 2.44$, 其中, $r^{(3)} = 1$.

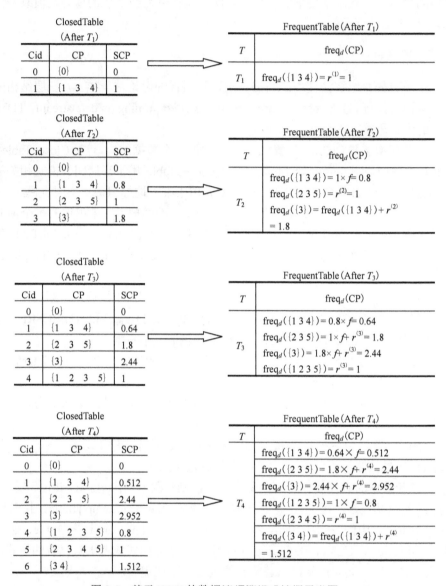

图 3-1　基于 TDM 的数据流频繁模式挖掘示意图

(2)然后添加新的模式：$\text{freq}_d(\{1\ 2\ 3\ 5\}) = r^{(3)} = 1$.

(3)如此反复，生成全部模式的支持数.

给定最小支持度后，当事务 T_4 到达时需要满足的最小衰减频度为 $4 \times 0.5 \times 0.1 = 0.2$，产生的闭合模式为 6 个，如图 3-1 中表 ClosedTable (After T_4) 所示. 假定不使用最大允许误差阈值，则需要满足的最小频度为 $4 \times 0.5 = 2$. 从图 3-1 可以看出，仅能挖掘两个闭合模式：{2 3 5}和{3}，丢失了 4 个可能的频繁模式. 因此使用衰减模型挖掘数据流中的频繁模式时需要满足 θ-ε 框架.

从滑动窗口中移除旧事务的核心问题在于如何对已有的数据结构进行剪枝处理，已有的方式常采用滑动一步剪枝一步，这样消耗较大. 为了增加算法处理的效率，采用移动步长 STEPM 进行处理. 即处理旧事务时先设置删除标记 remove TAG，当窗口滑动 STEPM 条事务后再进行实际的剪枝操作.

为了区分历史事务与新事务的权重，提高模式挖掘的准确性，并且为了避免丢失可能的频繁模式，下面给出基于 θ-ε-f 框架的闭合模式挖掘算法 TDMCS 描述. 该算法采用 ClosedTable、CidList 和 NewTransactionTable / OldTransactionTable 存储数据信息，使用时间衰减模型处理新旧模式，挖掘出满足 θ-ε-f 的频繁闭合和临界频繁闭合模式. 算法的描述如算法 3.1 所示. 处理新事务的过程如算法 3.2 所示，处理历史事务的过程如算法 3.3 所示. 其中，算法中函数 sup() 表示衰减频度.

算法 3.1　TDMCS() 挖掘闭合频繁模式

输入：S 为数据流，N 为滑动窗口大小，f 为衰减因子，STEPM 为剪枝步长，ε 为最大允许误差率

输出：频繁闭合模式

```
1.  For T_new in S Do
2.    Call TDMCSADD(T_new, f, N, ε )
3.    If Sliding
4.    Then Call TDMCSREMOVE(T_old, f, N, ε , STEPM)
```

算法 3.2　TDMCSADD(T_{new}, f, N, ε)

输入：T_{new} 为新事务，N 为滑动窗口，f 为衰减因子，ε 为最大允许误差率

输出：频繁闭合模式

```
1.  Add T_new To NewTransactionTable
2.  setcid(T_new) = { ∪CidSet(item_i), item_i ∈ T_new }
3.  For cid In setcid(T_new) Do
4.    interS = T_new ∩ ClosedTable(cid)
5.    For TempItem In NewTransactionTable Do
6.      If interS ∈ ClosedTable
7.      Then sup( interS ) = sup( interS ) × f + 1
8.      Else Add interS To ClosedTable
9.  For <TempItem, cid> In NewTransactionTable Do
10.   If ( TempItem==ClosedTable(cid))
11.   Then sup(ClosedTable(cid)) = sup(ClosedTable(cid)) × f + 1
```

```
12.    Else sup(TempItem) = sup(ClosedTable(cid)) × f + 1
13.    If (sup( TempItem )> = ε × N)
14.    Then Add <TempItem, sup( TempItem )> To ClosedTable
15. If item ∈ T_new and item Is Not In CidList
16. Then Add item To CidList
17. For Each CP in ClosedTable and not associate with T_new Do
18.    Update sup(CP) = sup(CP) × f
```

算法 3.3　TDMCSREMOVE(T_{old}, f, N, ε, STEPM)

输入：T_{old} 为历史事务，N 为滑动窗口，f 为衰减因子，STEPM 为剪枝步长，ε 为最大允许误差率

输出：频繁闭合模式

```
1.    Add T_old To OldTransactionTable
2.    setcid(T_old) = {∪ CidSet( item_i ), item_i ∈ T_old }
3.    For cid In setcid(T_old)Do
4.     interS = T_old ∩ ClosedTable(cid)
5.     For TempItem In OldTransactionTable Do
6.       If interS ∈ ClosedTable And sup( interS )< ε × N
7.       Then Add removeTAG On interS
8.    If Window Move STEPM
9.    Then Remove items(With removeTAG)From closedTable
10.       Update cidlistMap
```

3.3.3　实验方式及其结果分析

实验运行环境的 CPU 为 2.1GHz，内存为 2GB，操作系统是 Windows 7，所有的实验采用 Java 实现. 实验中采用两类数据，一是真实数据流 msnbc 来自 UCI[①]，此数据描述的是 1999 年 9 月 28 日访问 msnbc.com 网站的用户信息. 用户访问的页面按照 URL 分类，并按照时间顺序记录. 包括 989818 个事务序列，平均事务长度为 5.7，数据重复项多. 二是采用 IBM 模拟数据生成器产生不同平均事务长度和不同平均模式长度的数据. 模拟数据流包括：T5I5D1000K、T10I4D1000K、T10I5D1000K、T10I10D1000K、T20I5D1000K 和 T20I20D1000K. 这些数据流用于分析不同事务长度和不同模式长度时算法的性能. 其中 T10I5D1000K 表示数据的平均事务长度为 10，平均模式长度为 5，数据事务个数为 1000K.

TDMCS 算法中设置最大误差率 $\varepsilon = 0.1 \times \theta$，衰减因子 f 为 $f_{average}$. 实验中设

① Frank A, Asuncion A. UCI machine learning repository [EB/OL]. Irvine: University of California, School of Information and Computer Science, [2013-04-11]. http://archive.ics.uci.edu/ ml.

置滑动窗口 N 的大小为 1000、2000、3000、4000、5000、7000 和 8000，设置最小支持度 θ 的范围为 $[0.06, 0.1]$，参数设置如表 3-3 所示.

表 3-3　衰减因子 f 的值

f_{id}	θ	ε	N
f_1	0.06	0.006	1000
f_2	0.06	0.006	2000
f_3	0.06	0.006	3000
f_4	0.06	0.006	4000
f_5	0.06	0.006	5000
f_6	0.06	0.006	7000
f_7	0.06	0.006	8000

首先，分析设置 f 为均值衰减因子的合理性. 实验从两个角度进行比较. 一是比较得到结果集的模式个数. 二是比较设置不同衰减因子得到的算法查全率和查准率.

表 3-4 中是对数据流 msnbc 进行处理得到的闭合模式的个数. 选择最小支持度 θ 为 0.025 和 0.05，最大误差率 $\varepsilon = 0.05 \times \theta$. 表中第 2 列是衰减因子 f，排列顺序是 f_{recall}、$f_{precision}$ 和 $f_{average}$. 以 $\theta = 0.025$ 为例，当 $f = f_{recall}$ 时得到模式数量为 47253，高于 $f = f_{average}$ 时得到模式数量 47223，高于 $f = f_{precision}$ 时得到模式数量 47219. 因此，设置衰减因子为 $f_{average}$ 得到的模式数量在 f_{recall} 和 $f_{precision}$ 两者之间. 当 $\theta = 0.05$ 时也可以得到相同的结论. 因此从得到的模式数据量角度而言，算法中选择 $f_{average}$ 作为衰减因子相比上下边界值而言更加合理.

表 3-4　三种衰减因子的比较

θ	f	相应模式个数
0.025	f_{recall}	47253
	$f_{precision}$	47219
	$f_{average}$	47223
0.05	f_{recall}	37031
	$f_{precision}$	36941
	$f_{average}$	37020

从算法的查全率与查准率角度进行分析. 以数据流 msnbc 为例，比较 f 设置为 f_{recall}、$f_{precision}$ 和 $f_{average}$ 算法性能的优劣. 比较不同窗口大小时算法的平均性能如图 3-2 所示. 从算法的查全率可以看出设置 $f = f_{recall}$ 可以得到几乎 100% 的查全率，而 $f = f_{precision}$ 得到的查全率值最低，$f = f_{average}$ 得到的值介于两者之间. 接着比较算法的查准率. 设置 $f = f_{precision}$ 和 $f = f_{average}$ 时得到的查准率几乎相同，而 $f = f_{recall}$

得到的值最低. 因此，可以得出设置衰减因子为 $f_{average}$ 可以得到比 $f_{precision}$ 和 f_{recall} 更优的算法性能：即得到的算法的查全率和查准率更加平衡.

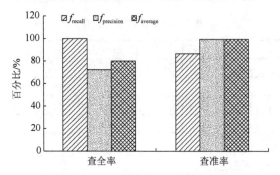

图 3-2　衰减因子为 f_{recall}、$f_{precision}$、$f_{average}$ 得到的算法的平均性能

接着比较设置 f 为 $f_{average}$ 与随机值的优劣. 为了使设置的随机衰减因子更加合理，取其范围为 $(0.9, 1)$，标记为 f_{random}，采用 Java 中 Math.random() 函数生成. 随机生成 5 个衰减因子值. 设置 f 为 $f_{average}$ 与 f_{random} 得到的算法性能如图 3-3 所示. 从中可以看出，设置 f 为 $f_{average}$ 与 f_{random} 得到的查准率差别不大. 而采用 f_{random} 得到的算法查全率差别较大，即得到的结果集的性能不稳定. 设置 f 为 $f_{average}$ 的表现明显优于设置为 f_{random}，且其得到的结果集是稳定的.

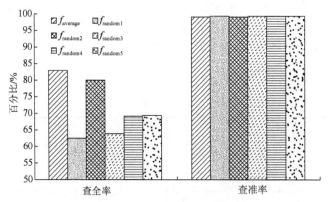

图 3-3　衰减因子为 $f_{average}$ 和随机值得到的算法性能

以上实验结果表明提出的算法使用时间衰减模型时设置平均衰减因子是合理的，对模拟数据进行处理时也可以得到相似的结论.

其次，分析窗口大小对 TDMCS 算法的影响. 图 3-4 和图 3-5 所示是窗口大小 N 为 1000、2000 和 3000 时，算法 TDMCS 在真实数据流 msnbc 与模拟数据流上的执行时间和占用最大内存空间的比较. 实验设置衰减因子 f 的值如表 3-3 中 $f_1 \sim f_3$ 所示. 设置剪枝步长为 1000[79]，即数据流每滑动 1000 条事务时进行实际剪枝操作.

图 3-4 是采用 TDMCS 算法对数据流 msnbc 处理 10000、15000、20000 和 25000 条事务进行分析. 图 3-4(a)显示的是 TDMCS 算法在数据流 msnbc 上的执行时间. 可以看出处理事务数量较少时, 窗口大小的增大会导致执行时间小幅度增加. 但是随着处理事务数量的增加, 采用大的滑动窗口时间消耗反而更小. 如当处理 10000 条事务时, 随着 N 的增加, 时间消耗增加. 而当处理 20000 或 25000 条事务时, 随着 N 的增加, 时间消耗反而减少. 从图 3-4(a)中可以看出, 采用大的滑动窗口处理数据时, 随着数据量的增加时间消耗增加的幅度比小的滑动窗口少. 如当 $N = 3000$ 时, 处理 25000 事务与处理 10000 事务相比, 处理的数据量增加了 150%, 而时间消耗增加了约 99.9%. 而当 $N = 1000$ 时, 相同条件下, 时间消耗增加了 586.5%. 因此, 采用不同的滑动窗口大小对数据流进行处理时, 时间消耗差别较大. 图 3-4(b)为算法执行使用的空间大小. 可以看出, 不同的窗口大小对使用的内存空间影响很小; 随着处理事务数量的增加, 内存消耗增加幅度较小. 综合时间和内存消耗可以得出结论: 对数据流 msnbc 进行处理时, 相同的事务数量下, TDMCS 算法使用的执行时间会随着 N 的不同而不同, 而使用的存储空间受窗口大小 N 的影响不大. 因此, 从空间复杂度角度而言, 该算法适用于挖掘任意大小滑动窗口内的频繁模式.

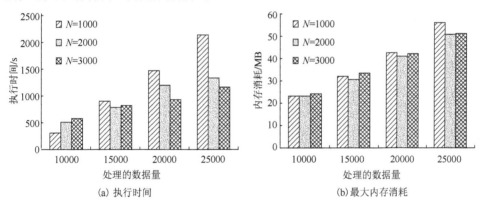

图 3-4　不同 N 时 TDMCS 在 msnbc 上性能

图 3-5 比较不同滑动窗口大小 N 时, TDMCS 在不同事务长度和不同模式长度的数据流上的性能. 从图 3-5 中可以看出随着 N 的增大, 算法执行时间成倍增加, 内存消耗有较小幅度的增加. 首先分析事务长度对算法性能的影响. 通过分别比较两组不同事务长度的数据流(T5I5、T10I5 和 T20I5)和(T10I10, T20I10), 可以看出, 随着平均事务长度的增加, 算法的执行时间增加幅度较大, 使用内存幅度增加相对较小. 接着分析模式长度对算法性能的影响. 通过比较两组数据流:

T10I5 和 T10I10；T20I5 和 T20I10 可以看出随着平均模式长度的增加，算法执行时间和内存消耗增加，但增加的幅度不大. 如当 $N = 0.3$ 时，在数据流 T10I10 上的执行时间甚至比在 T10I5 上略微减少，而内存消耗几乎不变. 可以得出结论，TDMCS 算法处理不同的数据流时，受到事务长度的影响较大，而受到模式长度的影响较小. 这表明该算法适用于挖掘长模式的数据流.

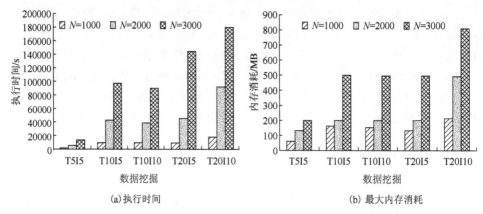

(a) 执行时间　　　　　　　　　　　　　　(b) 最大内存消耗

图 3-5　不同 N 时 TDMCS 在模拟数据流上性能

分析剪枝步长对 TDMCS 算法性能的影响. 设定滑动窗口大小 N 为 5000、7000 和 8000，剪枝步长 SETPM 为 1000～5000（SETPM≤N），设定衰减因子 f 的取值为表 3-3 中 f_5～f_7. 图 3-6(a) 为不同滑动窗口条件下采用不同的剪枝步长时算法执行的时间. 从图中可以看到，当 $N = 5000$ 时，剪枝步长对算法的处理时间影响不大. 当 $N = 7000$ 时，设定 SETPM 为 2000 时算法执行过程运行时间最少，而 SETPM = 5000 时运行时间最多，后者比前者运行时间增加了 57%. 当 $N = 8000$ 时，SETPM = 3000 时算法执行时间最少，SETPM = 4000 时运行时间最多，后者比前者运行时间增加了 70.4%. 从执行时间的实验结果可以得到结论：①最优剪枝步长与滑动窗口大小 N 相关；②随着 N 的增大，不同的 SETPM 带来的执行时间差增大. 图 3-6(b) 为采用不同剪枝步长和不同滑动窗口大小时算法执行需要的最大存储空间. 从图中可以看出最大存储空间消耗受剪枝步长大小的影响不大. 从图 3-6 中可以得出结论，当设定滑动窗口较小时，剪枝步长的大小对算法的执行时间和使用内存影响不大. 而当滑动窗口较大时，对执行时间的影响较大，对内存使用影响甚微. 因此当设定参数 $N = 1000$ 时，设定 SETPM = 1000 是比较合理的. 同样地，通过对图 3-6(b) 的分析，进一步证明了 TDMCS 算法适用于挖掘任意大小的滑动窗口内的频繁模式.

最后，分析不同窗口大小时，TDMCS 算法与经典算法 CloStream + 、MSW 和 SWP 的性能比较. 设定衰减因子 f 的取值如表 3-3 中 f_1～f_5 所示. 为了更合理地比较查全率和查准率, 对算法 MSW 和 SWP 稍作修改, 使其挖掘闭合模式.

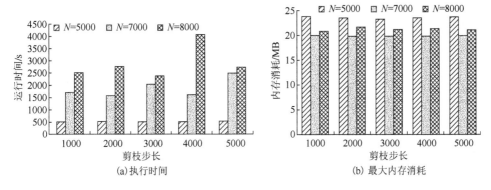

(a) 执行时间　　　　　　　　　　(b) 最大内存消耗

图 3-6　不同剪枝步长时 TDMCS 在 msnbc 上性能

算法在数据流 msnbc 的性能表现如图 3-7 所示. 其中图 3-7 (a) 为不同的算法在数据流 msnbc 上的时间消耗. 从图中可以看出采用 TDMCS 算法消耗的平均时间与其他三者相比最少. 图 3-7 (b) 为不同算法在数据流 msnbc 上执行的最大内存消耗. 从中可以看出 TDMCS 算法的平均内存消耗大约比 CloStream + 减少了 65%. 并且随着 N 的增加, 两种方法占用的内存消耗的差距增加. 与 MSW 和 SWP 相比也有一定程度的减少. 图 3-7 (c) 是算法之间的查全率比较. 从中可以看出 CloStream + 得到的查全率是最高的, 这是由于这个算法没有进行衰减处理. 其次是 MSW 和 SWP 得到的查全率较高, 因为两者采用的是下界衰减值, 即设置条件是假定 100%的查全率. 相比较而言, TDMCS 得到的查全率较低, 比 CloStream + 减少了 5%, 比 MSW 和 SWP 减少了约 2%, 这是由于它的衰减程度是最高的. 图 3-7 (d) 是对数据流 msnbc 进行处理时得到的查准率比较. 可以看出采用 TDMCS 进行数据流处理时得到的算法的查准率明显高于其他三者. 与 MSW 和 SWP 相比提高了约 7%, 与 CloStream + 相比提高了约 11%. 从图 3-7 (c) 和 (d) 的比较可以得出, 采用均值衰减因子设置方式可以得到较为平衡的查全率和查准率.

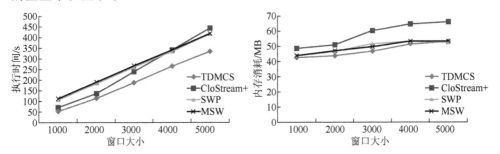

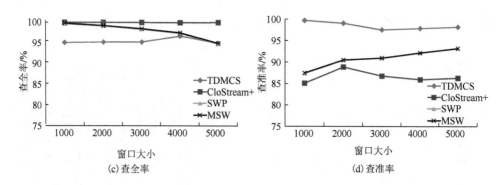

图 3-7　不同算法在 msnbc 上的性能

　　算法在模拟数据流上的比较如图 3-8 所示，是对不同窗口下的算法性能取平均得到的．使用事务长度和模式长度不等的四组数据：T10I4、T10I5、T10I10和 T20I5．图 3-8(a) 是算法执行时间的比较，整体而言，TDMCS 和其他三个算法相比，时间使用较短．CloStream + 由于不进行衰减处理操作，所以时间消耗也较短．两者的时间消耗低于 MSW 和 SWP．图 3-8(b) 比较算法的内存消耗，总体而言，TDMCS 的内存消耗是最低的，但整体之间的差距不是太大．图 3-8(c)和(d)比较的是算法的查全率与查准率．由于算法 MSW 和 SWP 使用的是相同衰减因子设置方式，因此仅与 SWP 做性能比较．CloStream + 算法不做衰减处理，其得到的查全率是最高的，但得到的查准率是最差的．SWP 设置衰减因子为边界值，得到的查全率和查准率居中．TDMCS 得到的查全率与其余两者相比减少的不足 1%．但得到的查准率与 CloStream + 相比增加了约 10%，与算法 SWP相比增加了约 4%．因此，从平衡算法的查全率和查准率角度而言，TDMCS 算法的表现更好．

　　从图 3-8 的分析可以看出，在不同模式长度的数据流上进行比较，如 T10I4，T10I5 和 T10I10，TDMCS 使用的时间和内存消耗随着模式长度的增加，与其余三个算法相比减少较明显，且得到的查准率的优势也很明显．比较不同事务长度的数据流，如 T10I5 和 I20I5 可以分析出，TDMCS 得到的查准率优势同样较明显．因此，TDMCS 算法相比而言更适用于长模式和长序列的数据流处理．

　　从上述实验可以得出以下结论．

　　(1)设置衰减因子为 $f_{average}$ 分别与 $f_{precision}$ 和 f_{recall} 相比时算法得到的查全率和查准率更加平衡．与设置为随机值的衰减因子相比，算法得到的结果集是稳定的．

　　(2)窗口大小和剪枝步长对算法的执行时间消耗影响较多，但是对内存使用影响较少．因此，从空间复杂度而言，TDMCS 算法适用于挖掘任意大小窗口内的模式．

　　(3)相比同类算法，TDMCS 算法的运行时空消耗相对更少，得到的查全率和查准率更平衡，尤其适合处理长模式和长序列数据.

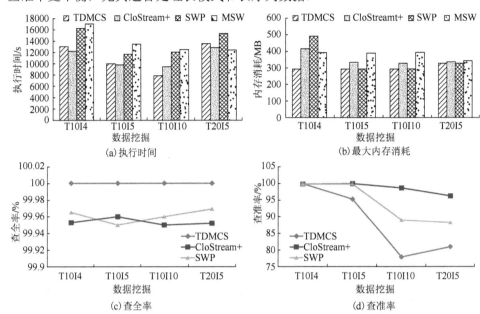

图 3-8　算法在模拟数据流上的平均性能比较

3.4　基于高斯衰减函数的挖掘算法

本节首先介绍基于高斯衰减函数的设计，然后介绍基于高斯衰减函数和堆积值的闭合模式挖掘算法设计步骤，最后给出相关的实验分析.

3.4.1　高斯衰减函数研究

上面已经介绍，给定参数滑动窗口大小 N、最小支持度阈值 θ 和最大允许误差阈值 ε 之后，常用的确定衰减因子值的方式包括以下几方面.

(1) 采用随机设置[86, 94, 96]，即令 f 为 $(0,1)$ 的任意值，通常是接近 1 的值.

(2) 使用特定值设置[84, 98, 102]，如式 (3-10) ～式 (3-12) 中 f_1、f_2 与 f_3 所示.

(3) 采用 100% 查全率和 100% 查准率来估计，取上下界值[3, 59, 79]或平衡两者的均值衰减因子设置方式 (3.3 节)，如式 (3-13) ～式 (3-15) 中 f_4、f_5 与 f_6 所示.

$$f_1 = f_b = b^{-\left(\frac{1}{h}\right)} \tag{3-10}$$

$$f_2 = f_e = e^{-\alpha} \tag{3-11}$$

$$f_3 = f_{\text{halflife}} = e^{-\left(\frac{\ln 2}{t_{1/2}}\right)} \tag{3-12}$$

$$f_4 = f_{\text{recall}} = \sqrt[(2N-\theta N-1)]{[(\theta - \varepsilon)/\theta]^2} \tag{3-13}$$

$$f_5 = f_{\text{precision}} = \frac{(\theta - \varepsilon)N - 1}{(\theta - \varepsilon)N} \tag{3-14}$$

$$f_6 = f_{\text{average}} = (f_{\text{recall}} + f_{\text{precision}})/2 \Rightarrow f_6 = f_{\text{average}} = \frac{\sqrt[(2N-\theta N-1)]{[(\theta - \varepsilon)/\theta]^2} + 1}{2}$$
$$\tag{3-15}$$

　　为了更好地研究衰减因子的取值方式, 引入衰减函数 factor (f, x), 如式 (3-16) 所示. 假设当前最新事务为 m 时刻到达的 T_m, 则在某一时刻 i 时, 参数 $x = m - i$, $i = 1, 2, \cdots, m$, 参数 f 是衰减因子, 函数 factor (f, x) 可以看作每个 r_i 的权值, 如式 (3-17) 所示, 是参数 f 的 x 幂. 令集合 D 表示堆积的衰减因子, 它可以看作 r_i 权值的集合, 当 T_m 到达时, 其取值为式 (3-18) 所示.

$$\begin{aligned} \text{freq}_d(P, T_m) &= \text{freq}_d(P, T_{m-1}) \times f + r \\ &= \sum_{i=1,2,\cdots} r_i \times f^{m-i} \\ &= \sum_{i=1,2,\cdots} r_i \times \text{factor}(f, m-i) \end{aligned} \tag{3-16}$$

$$\text{factor}(f, x) = f^x, \quad x = 1, 2, \cdots, m \tag{3-17}$$

$$\begin{aligned} D_m &= \{\text{factor}(f, m-1), \cdots, \text{factor}(f, 1), \text{factor}(f, 0)\} \\ &= \{f^{m-1}, f^{m-2}, \cdots, f^1, 1\} \end{aligned}$$
$$\tag{3-18}$$

　　以上 6 种衰减因子的设置方式得到的衰减函数都是 f 的 x 幂形式, 它们为新旧模式设置相同的衰减强度. 为了加重新近事务的权重、降低历史事务的权重, 本节提出了使用高斯函数作为衰减函数的策略, 如式 (3-19) 所示. 其中为了使衰减函数满足 $(0, 1]$, 增加参数 A. 为了保证当最新事务 T_m 到达时 f 的值为 1, 且与滑动窗口大小 N 产生关联, 所以设定高斯衰减函数中参数: 均值 μ 为 0, 方差 δ 的平方值为 BN, B 为正数值.

$$\text{factor}(f, x) = \frac{A}{\sigma\sqrt{2\pi}} \mathrm{e}^{-\frac{(x-u)^2}{2\sigma^2}} = \frac{A}{\sqrt{2\pi BN}} \mathrm{e}^{-\frac{x^2}{2BN}}, \quad f_7 = f_{\text{gauss}} \tag{3-19}$$

　　重新整理衰减因子函数 factor (f, x) 可以得到两类取值, 分别是当 f 取值为 $f_1 \sim f_6$ 时, factor (f, x) 为 f 的幂形式; 当 f 取 f_7 时, factor (f, x) 为高斯函数形式, 如式 (3-20) 所示. 对比 f_4、f_5、f_6 和 f_7, 画出这 4 种衰减函数对应的取值曲线, 如图 3-9 (a) 所示. 从图中可以看出, 通常情况下设置 $f = f_4$ 时, 随着时间的改变历史事务的权重衰减得很小. 设置 $f = f_5$ 时, 随着时间的改变历史事务的权重衰减的程度较大; 而 $f = f_6$ 在两者之间. 当参数 $B = 1$, 设置 $f = f_7 = f_{\text{gauss}|B=1}$ 时, 得到的最近事务的衰减程度低于

$f_{\text{precision}}$ 和 f_{average}，而得到历史事务的衰减程度高于其他三者. 换言之，采用高斯函数设置衰减因子，会更加强调新近事务的重要性，降低历史事务的重要性.

理论上为了验证衰减因子 f_{gauss} 的特性，比较其与 $f_{\text{precision}}$. 令

$$F(x) = \text{factor}(f_{\text{gauss}}, x) - \text{factor}(f_{\text{precision}}, x) = \frac{A}{\sqrt{2\pi BN}} e^{\frac{(x)^2}{2BN}} - f_{\text{precison}} x$$

可以推出 $F'(x) > 0$，即 $F(x)$ 为单调增函数，从图 3-9(b) 中也可以分析出. 图 3-9(b) 中是设置衰减因子为 $f_{\text{precision}}$、$f_{\text{gauss}|B=1}$ 和 $f_{\text{gauss}|B=2}$ 的 D 值. 当处理最新实例 T_{new} 时，在 n_1 时刻 $F(x) = 0$，即 $\text{factor}(f_{\text{gauss}|B=2}, x) = \text{factor}(f_{\text{precision}}, x)$；在 n_1 时刻之前 $F(x) < 0$，而之后 $F(x) > 0$. 在 n_2 时刻 $\text{factor}(f_{\text{gauss}|B=1}, x) = \text{factor}(f_{\text{precision}}, x)$. 这说明，在处理最新实例 T_{new} 时，某一时刻如 n_1 或 n_2 之前，f_{gauss} 对应的衰减程度强于 $f_{\text{precision}}$，而之后则衰减程度弱于 $f_{\text{precision}}$. 这满足时间衰减模型的要求，即增加新事务的权重，降低历史事务的权重.

$$\text{factor}(f,x) = \begin{cases} = \left(b^{-\left(\frac{1}{h}\right)}\right)^x, & f = f_1 \\[2mm] = (e^{-\alpha})^x, & f = f_2 \\[2mm] = \left(e^{-\left(\frac{\ln 2}{t_{1/2}}\right)}\right)^x, & f = f_3 \\[2mm] = \left(^{(2N-\theta N-1)}\sqrt{[(\theta-\varepsilon)/\theta]^2}\right)^x = \left(\frac{\theta-\varepsilon}{\theta}\right)^{\frac{2x}{2N-\theta N-1}}, & f = f_4 \\[2mm] = \left(\frac{(\theta-\varepsilon)N-1}{(\theta-\varepsilon)N}\right)^x, & f = f_5 \\[2mm] = \left(\frac{^{(2N-\theta N-1)}\sqrt{[(\theta-\varepsilon)/\theta]^2}+1}{2}\right)^x, & f = f_6 \\[2mm] = \frac{A}{\sqrt{2\pi BN}} e^{-\frac{(x)^2}{2BN}}, & f = f_7 \end{cases} \quad (3\text{-}20)$$

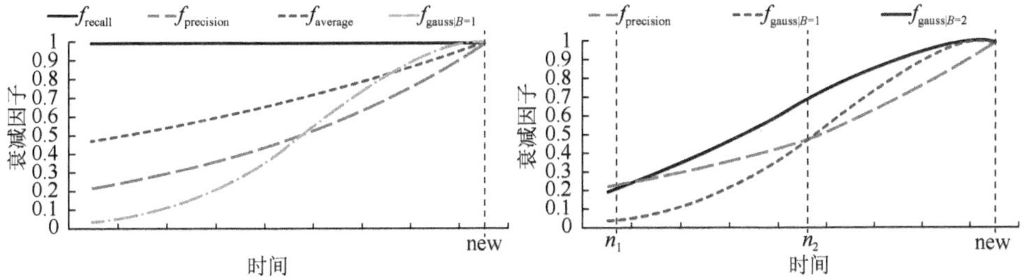

(a) 4种衰减因子得到的D值　　　　　　　　(b) 3种衰减因子得到D值

图 3-9　不同衰减因子的累计衰减值变化趋势的比较

示例 3.5　假设窗口大小 $N = 10^4$，设定最小支持度 $\theta = 0.05$，最大允许误差 $\varepsilon = 0.1 \times \theta$，高斯衰减参数 $B = 1$，2，3．则可以得到不同的衰减值：

$$f = \begin{cases} f_{\text{recall}} = 0.999989 \\ f_{\text{precision}} = 0.997778 \\ f_{\text{average}} = 0.9988884 \\ f_{\text{gauss}|B=1} = 0.9995 \\ f_{\text{gauss}|B=2} = 0.99975 \\ f_{\text{gauss}|B=3} = 0.99983 \end{cases}$$

当有 4 个事务到达时，得到模式的衰减权值 factor (f, x) 满足式 (3-20)，累积因子集合 D 如表 3-5 所示．当 T_{50} 到达时可以看出，设定 $f = f_{\text{recall}}$ 得到的函数值为 0.99945，几乎没有变化．而 $f = f_{\text{gauss}|B=1}$ 时得到的函数值是 0.28651，远低于其他三者．设置不同的 B 相比，随着 B 值的增大，衰减的幅度变缓．

表 3-5　设置不同衰减因子得到的堆积衰减值 D

	f_{recall}	$f_{\text{precision}}$	f_{average}	$f = f_{\text{gauss}|B=1}$	$f = f_{\text{gauss}|B=2}$	$f = f_{\text{gauss}|B=3}$
T_1	0.99999	0.99778	0.99888	0.99950	0.99975	0.99983
T_2	0.99998	0.99556	0.99777	0.99800	0.99900	0.99933
T_3	0.99997	0.99335	0.99666	0.99551	0.99775	0.99850
T_4	0.99996	0.99114	0.99554	0.99203	0.99601	0.99734
⋮	⋮	⋮	⋮	⋮	⋮	⋮
T_{50}	0.99945	0.89474	0.94570	0.28651	0.53526	0.65924

3.4.2　算法设计

本节设计了一种高斯衰减函数用于设置新旧模式的衰减频度，研究基于高斯衰减模型的数据流闭合频繁模式挖掘算法 TDMCS +．TDMCS + 算法与 3.3 节 TDMCS 算法相比在三个方面进行了改进，具体包括以下几方面．

(1) 为 ClosedTable 增加一个字段 time，用于存储最后一次更新模式频度的时间点．即 ClosedTable 包括四个字段：Cid、CP、SCP、time．Cid 用于唯一地标识每一个闭合模式 CP，SCP 是闭合模式 CP 对应的衰减频度．CidList 用于维护数据流中出现的每个项 item 和其对应的 Cid 集合．

(2) 算法使用的是高斯衰减函数，为历史和新近模式权重设置不同的衰减强度．

(3) 使用堆积值来更新历史模式频度，而不是每次处理新事务都要更新所有闭合项集的频度．

TDMCS + 算法与 TDMCS 算法处理过程相类似，最大的不同是使用了高斯衰减函数和堆积衰减，因此本节仅给出处理新事务的过程 TDMCSADD + 如算法 3.4 所示. 其中函数 factor(*A*, *B*, new-old)表示的是采用高斯衰减函数计算出的堆积衰减值, new-old 表示时间差.

算法 3.4　TDMCSADD + (T_{new}, (*A*, *B*), *N*, ε) 处理新事务

输入：T_{new} 为新事务, (*A*, *B*) 为高斯衰减函数参数, *N* 为滑动窗口大小, ε 为最大允许误差率

输出：闭合项集表 ClosedTable

```
1.   Add T_new to NewTransactionTable
2.   Let interS = T_new ∩ ClosedTable according to CidList
3.   Add interS to NewTransactionTable
4.   For each TempItem in NewTransactionTable Do
5.     If interS ∈ ClosedTable
6.     Then get the time old = ClosedTable.interS.time
7.         update sup(interS) = sup(interS)
                  × factor(A, B, new-old) + r
8.     Else If sup(interS) ≥ ξ
9.         Then add <interS, sup(interS), new > To ClosedTable
10.  If item ∈ T_new and item is not in CidList
11.  Then add item To CidList
```

假定数据集合如表 2-2 所示, 并在这 4 条事务之后添加新事务 $T_5 = \{1\ 3\ 4\ 7\}$, 模式挖掘过程如图 3-10 所示. 这里使用的是堆积衰减值 *D* 生成频繁模式, 图中每组数据表示的是 < {CP} (SCP) >. 与 3.3 节中生成模式的频度不同, TDMCS + 算法不需要每次更新整个 ClosedTable 表, 而是更新与 T_m 相关的模式. 例如, 在事务 T_1 到达后生成的模式 < {1 3 4} (1) >, 仅需在事务 T_5 到达后进行衰减频度更新, 采用的是堆积因子 *D* 中的 factor(*f*, 4) 作为权值进行更新: < {1 3 4} (1 × factor(*f*, 4) + 1) >. 这种方式减少了历史模式的更新次数, 相比 TDMCS 算法, 可以降低时间复杂度.

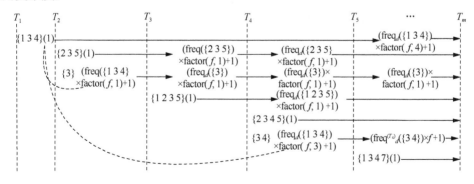

图 3-10　使用堆积衰减值 *D* 生成频繁模式

3.4.3　实验方式及其结果分析

为了比较多种衰减因子设置方法的优劣,本节实验采用两类真实数据流,一是高密度数据流 msnbc,挖掘出的模式具有较高的频度,在 3.3 节已经介绍. 二是数据流 kosarak,它是低密度数据集合,从中挖掘的模式频度较低. 它来自 SPMF[①],包含了 990000 条事务序列,是匈牙利门户新闻网站的点击流序列.

实验中采用 TDMCS + 算法进行数据流频繁模式挖掘. 在算法中设置衰减因子的取值为 4 类.

(1)取下界值,即假定查全率为 100%. 标记为 $f=f_{recall}$.

(2)取上界值,即假定查准率为 100%,标记为 $f=f_{precision}$.

(3)为了平衡算法的查全率和查准率,设置 f 为均值衰减因子,标记为 $f=f_{average}$.

(4)为了强调最新事务的重要性、降低历史事务的权重,设置为高斯衰减模型,其中设置均值 $\mu=0$,方差 $\delta^2=B\times N$,标记为 $f=f_{gauss}$.

实验中设置最小支持度 θ 为 0.06 和 0.0005,前者用于挖掘数据流 msnbc 中的频繁模式,后者用于挖掘数据流 kosarak 中的频繁模式. 设置最大允许误差率 $\varepsilon=0.1$,窗口大小 N 取值为 1000、2000、3000 和 4000.

首先对高斯函数作为衰减因子时参数 δ^2 进行分析,主要比较参数 B 对算法性能的影响. 通过对数据流 msnbc 进行处理,可以得到的实验结果如图 3-11 所示. 其中分别设置 $B=1$,2,3,即讨论参数 $\delta^2=N$,$2N$,$3N$ 的算法性能比较. 从图 3-11 中可以分析出,当设置 $B=1$ 时可以得到最优的查准率,但是相对而言查全率最差;当 $B=3$ 时可以得到最优的查全率,而对应的查准率稍差. 通过对不同窗口大小条件下算法的整体性能分析,当设置 $B=3$ 时,得到的算法查全率和查准率是最均衡的,且算法性能最优,其次是 $B=2$,而 $B=1$ 得到算法的查全率和查准率之间的差距最大. 通过对数据流 kosarak 进行处理,也可以得到相似的结论.

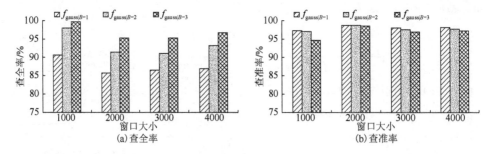

图 3-11　不同 B 值和窗口时算法在 msnbc 上表现

① Philippe F V. SPMF: A sequential pattern mining framework[EB/OL]. [2015-04-05]. http://www.philippe-fournier-viger.com/spmf/ index.php.

接着比较不同衰减因子设置方式的优劣. 对数据流 msnbc 进行分析. 通过实验 1 的分析, 设置参数 $B=3$. 设置 4 类衰减因子, 在不同的窗口大小条件得到的算法查全率与查准率如图 3-12 和图 3-13 所示. 图 3-12 是对同一窗口设置不同衰减因子得到的查全率和查准率进行比较. 从图 3-12 中可以看出: ①设置 $f=f_{recall}$ 时可以得到几乎 100% 的查全率, 但是得到的查准率是 4 种方式中最低的. ②设置 $f=f_{precision}$ 时可以得到平均最高的查准率, 但是得到的查全率值是最低的. ③设置 $f=f_{average}$ 时, 得到的查全率在 $f=f_{recall}$ 与 $f_{precision}$ 之间, 而得到的查准率高于 $f=f_{recall}$ 和 $f_{precision}$, 所以验证了设置 $f=f_{average}$ 与设置 $f=f_{recall}$ 或 $f_{precision}$ 相比可以平衡算法的高查全率和高查准率. ④通过设置 $f=f_{gauss}$, 与前三者相比得到的算法的查全率和查准率的平均值是最优的. ⑤设置不同衰减因子时, 得到的查全率和查准率的优劣关系受到窗口变化的影响很小.

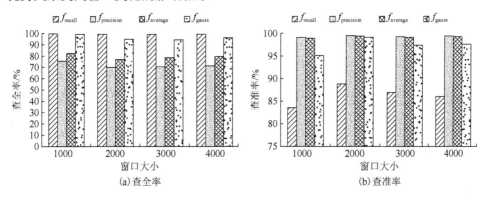

图 3-12　不同衰减因子和窗口时算法在 msnbc 上的表现

图 3-13 是对某一衰减因子值对应的查全率和查准率进行比较. 从平衡算法的查全率和查准率的角度比较, 图 3-13 可以看出查全率和查准率差距最小的是图 3-13 (d), 即 $f=f_{gauss}$ 时, 其次是 $f=f_{recall}$ 时差距较小, 差距最大的是 $f=f_{precision}$. 也就是说, 设置 f_{gauss} 可以得到最优的算法性能, 设置 $f_{precision}$ 相比而言会得到最差的算法性能.

从图 3-12 和图 3-13 分析算法的整体表现可知, 采用不同的衰减因子设置方式得到的性能比较结果由优到差的顺序是: $f_{gauss} \rightarrow f_{recall} \rightarrow f_{average} \rightarrow f_{precision}$.

接着对数据流 kosarak 进行处理, 算法的性能表现如图 3-14 和图 3-15 所示. 可以看出得到的结论与图 3-12 和图 3-13 的实验结论比较类似: ①设置 $f=f_{recall}$ 时, 可以得到几乎 100% 的查全率, 但是查准率是四者中最低的. ②设置 $f=f_{precision}$ 时, 可以得到较高的查准率, 但查全率是三者中最低的. ③设置 $f=f_{average}$ 与 f_{recall} 和 $f_{precison}$ 相比, 得到的查全率和查准率均在两者之间. ④通过设置 $f=f_{gauss}$, 与前三者相比得到的查全率和查准率的平均值是最高的. ⑤从平衡算法的查全率和查准率的角度分析，设置 f_{gauss} 得到两者的差距最小，如图 3-15(d)所示；其次是 $f_{average}$ 和 $f_{precision}$，它们的表现差别不大，如图 3-15(b)和(c)所示；两者差距最大的是 f_{recall}，如图 3-15(a)所示. 总之，性能算法比较由优到劣的顺序是：$f_{gauss} \rightarrow f_{average} \rightarrow f_{precision} \rightarrow f_{recall}$.

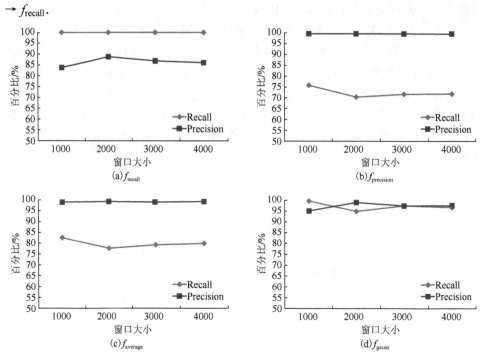

图 3-13　不同衰减因子时算法在 msnbc 上的查全率和查准率

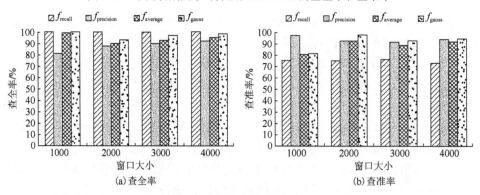

图 3-14　不同衰减因子和窗口时算法在 kosarak 上的性能

综合上述实验，可以得出以下结论.

(1)窗口大小的改变对不同衰减因子得到的算法性能影响较小.

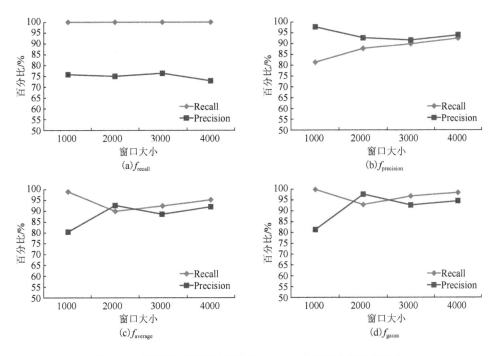

图 3-15　不同衰减因子时算法在 kosarak 上的查全率和查准率

(2) 关注结果集的查全率时，可以设置 $f = f_{\text{recall}}$. 但结果集中会包含较多的非频繁模式，查准率较低.

(3) 关注结果集的查准率时，可以设置 $f = f_{\text{precision}}$. 但是结果集中会丢失可能的频繁模式，查全率较差.

(4) 采用均值衰减因子与设置 f 为上下界值相比，达到了可以平衡查全率和查准率的目的. 在数据流 msnbc 处理中算法的性能表现在上下界值之间，而对数据流 kosarak 进行处理时它的表现优于两者.

(5) 高斯函数作为衰减函数时，通过实验验证：设置参数均值 $\mu = 0$，方差 $\delta^2 = B \times N$ 可以得到好的算法性能，因此这种参数设置方式具有一定的合理性.

(6) 实验表明，无论针对哪种特征的数据流处理，采用高斯衰减模型与已有方式相比皆可得到更优的算法性能.

3.5　本章小结

时间衰减模型的性能主要取决于衰减因子的设置方式. 已有的衰减因子设置方式包括随机设定方式，即从 $(0, 1)$ 范围内随机确定衰减值，通常是接近 1 的值. 另一类常用的设计方式是假定算法具有 100% 查全率或 100% 查准率时得到的衰减因子边界值. 本章重点研究了已有的衰减因子 f 的设计方法, 并提出两种新的衰减因子设计方式: 一种是基于 100%查全率与 100%查准率的均值衰减因子设置方式; 另一种是基于高斯函数的高斯衰减因子设置方式, 本章重点讨论了高斯函数中相关参数的设置方式. 与查全率和查准率设置方式相比, 高斯衰减因子进一步强调最近事务重要性, 忽略历史事务的重要性.

在均值衰减因子和高斯衰减因子的基础上, 本章提出了基于时间衰减模型的闭合模式挖掘算法 TDMCS 和 TDMCS +. 它们采用了闭合算子提高闭合模式挖掘的效率; 采用了最大误差阈值配合衰减模型使用, 可以有效地避免概念漂移, 用于挖掘更加合理的闭合模式结果集. 实验验证得出本章提出的算法具有较高的效率, 适用于挖掘高密度、长序列和长模式的数据流, 适用于不同大小的滑动窗口, 且算法优于其他同类算法.

第 4 章　基于多支持度的连续闭合模式挖掘算法

第 3 章研究的频繁模式挖掘算法处理的数据中不包含重复项, 挖掘出非连续的闭合模式. 本章针对具有重复项的高维数据, 提出一种挖掘满足三种支持度的连续的闭合模式算法.

4.1　引　　言

频繁序列模式挖掘 (frequent sequential pattern mining, SPM) 用于挖掘频繁出现的有序事件或者子序列. 与之前介绍的频繁模式挖掘相比, 它针对的数据类型更复杂. 序列数据与事务数据的区别在于:

(1) 一条事务数据 (或一条记录) 由多个项组成, 且一般不强调内部项的次序. 一条序列数据一般视为项集的有序集合, 且项集之间具有先后次序.

(2) 对于一条事务数据, 内部的项从表达形式上是不重复的. 对于一条序列数据, 包含多个项集, 且项集之间是可以重复的.

很多研究关注高维数据的序列模式挖掘, 如算法 TD-Seq 使用自顶向下的基于换位的策略挖掘高维股票数据中的序列模式[123]. BVBUC 算法从高维数据中挖掘闭合序列模式[124]等. 序列模式挖掘成为一种挖掘高维数据尤其是生物数据的有效策略[124]. SPM 可以从蛋白质或 DNA 数据中发现具有某种结构的模式[125-128]. 除了挖掘全集序列模式, 一些算法用于挖掘生物数据中的压缩序列模式. 例如, MCSF 算法用于挖掘大 DNA 数据中的最大连续序列模式[129]. TOPPER 基于规律性测量方式挖掘生物数据中 top-k 序列模式[130]. 这些算法用于挖掘高维数据中的满足最小支持度的序列模式. 近年来, 还有一些算法关注与挖掘其他有趣的序列模式. 如 BioPM 算法使用前缀投影方式发现蛋白质数据中的蛋白质模式. 这些模式是满足分布支持度和局部支持度的[127]. WildSpan 算法设计了两种挖掘策略, 一种是基于蛋白质的, 另一种是基于家族的. 这些有趣模式的挖掘关注的是满足特殊支持度的序列模式全集[130].

为了挖掘高维数据中多种类型的连续闭合模式, 本章提出一种基于多支持频度的连续闭合序列模式挖掘 (multi-support-based and contiguous closed pattern mining, MCCPM) 算法. 本章主要的贡献在于: ① 为了发现在数据集合 S 中出现的频度远高于 S 大小的特殊模式, 提出了三种支持度概念, 包括支持度、局部支持度和全局支持度. ② 针对高维的包含大量重复项的数据, 为了得到多种有趣的压缩模式集合，提出了基于三种支持度的连续闭合模式挖掘算法. 挖掘出的有趣模式可以用于分析生物序列、用于生物序列的匹配、未知生物序列的分类等.

本章 4.2 节介绍连续闭合频繁序列模式的定义，以及三种支持度的含义. 4.3 节介绍基于多支持度的连续闭合频繁序列模式挖掘算法的设计过程. 4.4 节对真实生物数据挖掘出的不同类型的模式进行分析，验证本章提出多支持度模式的合理性. 4.5 节是本章小结.

4.2　连续闭合模式的研究

令 S 表示一个序列数据集合，每条序列数据表示为<sequence_id, s>的形式. 其中 sequence_id 表示序列的 id，s 表示一条序列数据. 如果序列 α 包含在序列 β 内，则称 α 是 β 的子序列，β 是 α 的父序列. 在 S 中 α 出现的频度 frequent(α) 定义为包含 α 的序列 s 的个数. 给定用户定义的最小支持频度 minfre 或最小支持度 min_sup，如果 frequent$(\alpha) \geqslant$ minfre 或 frequent$(\alpha) \geqslant$ min_sup*N，则 α 为频繁序列模式，其中 N 为待处理的数据个数.

示例 4.1　序列数据集合如表 4-1 所示. 这是包含了 4 条生物序列的数据集，其中数据集合的项仅包含 {a, c, g, t}，且 sequence_id 是 {s_1, s_2, s_3, s_4}. 假设最小支持度 min_sup = 0.5，则子序列 x = (g a g) 是长度为 3 的频繁序列模式，其出现的频度为 4.

表 4-1　数据集 S

sequence_id	sequence
s_1	g a g g g a g a
s_2	a g a t a t g c t t a g a g
s_3	a c t g a g g t a g a
s_4	a t t g a g c t t

4.2.1　连续闭合模式

以表 4-1 中的数据集合为例，当最小频度 minfre 设为 2 时会挖掘出约 510 条模式. 其中包含 4 条长度为 1，14 条长度为 2，47 条长度为 3，203 条长度为 4，131 条长度为 5，85 条长度为 6，24 条长度为 7 和 2 条长度为 8 的模式. 然而其中大部分是非连续的、短的模式，通常而言对用户来说是无趣的模式. 以模式 (a g g a g a) 为例，它出现在序列 s_1、s_2 和 s_3 中，如图 4-1(a) 所示. 可以看出 (a g g a g a) 在 s_1 中是连续模式，在 s_2 和 s_3 中为非连续模式.

本节关注高维数据中连续模式的挖掘，主要是针对生物序列数据. 如果存在

整数满足 $1 \leqslant j_1 \leqslant j_2 \leqslant \cdots \leqslant j_n \leqslant m$ 和 $j_i = j_{i-1} + 1 (1 \leqslant i \leqslant n-1)$，且 $a_1 = b_{j1}$，$a_2 = b_{j2}$，$\cdots$，$a_n = b_{jn}$，则称序列 $\alpha = <$ sequence$_\alpha$_id, $a_1 a_2 \cdots a_n>$ 为序列 $\beta = <$ sequence$_\beta$_id, $b_1 b_2 \cdots b_m>$ 的连续子序列，β 为 α 的连续父序列[129]．若不存在与频繁子序列 α 支持度相等的频繁父序列 β，则称 α 为连续闭合频繁序列模式．如图 4-1(b) 所示，模式(t g a g)是频度为 2 的连续模式．

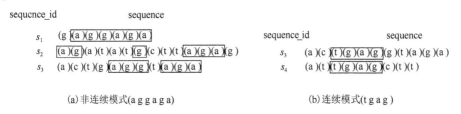

(a)非连续模式(a g g a g a)　　　　　　(b)连续模式(t g a g)

图 4-1　非连续模式与连续模式

本节采用前缀树结构生成连续频繁序列模式，如图 4-2 所示．同样针对表 4-1 中的数据，在 minfre = 2 的条件下，生成 24 条连续模式．其中 4 条长度为 1, 9 条长度为 2, 7 条长度为 3 和 4 条长度为 4 的模式．这比模式全集要有趣得多，且模式数量要减少得多．

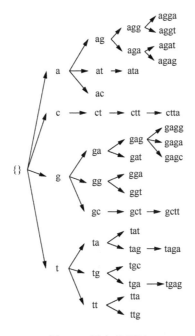

图 4-2　横向前缀树

当数据的数量大时，连续模式的数量依然巨大，为此应挖掘出压缩的高质量的模式集合．如前面介绍的，闭合模式是一种无损的压缩方式且包含了模式全集中的全部信息. 为此, 本节将进一步研究连续闭合频繁模式. 为了生成闭合模式, 采用的策略是在前缀搜索中加入了前馈测试, 即对前缀 Prefix 以及其生成子序列集合 PSet 进行频度比较. 如果对于模式 P, 其频度是 PSet 集合中得到的最大频度 maxfre, 且 maxfre = frequent(Prefix), 则 Prefix 不是闭合模式. 否则, Prefix 是闭合模式.

示例 4.2　对图 4-2 中产生的模式进一步压缩可以得到 9 条闭合模式. 图 4-3 给出了以频繁子序列(g)为前缀的搜索树. 图中 ga(4) 表示频繁子序列(g a)出现的频度是 4. 灰色背景的子序列是非频繁的, 在搜索过程中会被剪枝; 黑色框图中的为闭合频繁序列模式; 虚线箭头从 A 指向 B, 表示要从序列 B 前馈频度到序列 A, 并对两者的频度进行比较, 如果 B 的频度高于 A, 则 B 为闭合频繁模式, 否则不是闭合的. 图 4-3 中显示了以子序列(g)为前缀可以得到 4 个闭合频繁序列模式.

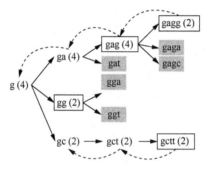

图 4-3　以(g)为前缀的搜索树

4.2.2　基于多支持度的连续模式

在生物序列数据中有不同的有趣模式. 本节关注三种类型的模式: ①在多条序列中出现的模式, 即满足最小支持度的模式; ②在一条序列中多次出现的局部模式; ③在 N 条序列中出现的总次数较高的模式, 这个次数有可能高于 N. 在这三类模式挖掘的过程中, 模式在每条序列中出现的位置会被记录. 局部频度和全局频度, 以及满足不同频度的模式定义如定义 4.1～定义 4.4 所示.

定义 4.1(局部频度)　子序列 P 在数据集 S 中的局部频度定义为某一条序列 Y 包含 P 的个数, 表示为 local_support$(P, Y) = |\{ <location\_id, Y> | (Y \in S) \wedge (P \subseteq Y) \}|$.

定义 4.2(全局频度)　子序列 P 在数据集 S 中的全局频度定义为 S 中 P 出现的总次数, 表示为 total_support$(P) = \sum_Y$ local_support(P, Y).

定义 4.3(局部频繁序列模式)　局部频繁序列模式是指一个子序列 P 在某一序列 Y 中出现的频度不小于该序列中定义的最小局部频度, 即 local_support$(P, Y) \geqslant$ local_min_sup(Y).

定义 4.4(全局频繁序列模式)　全局频繁序列模式是指一个子序列 P 在数据集 S 中出现的总的次数或频度不小于最小全局频度,即 total_support$(P)\geqslant$total_min _sup.

示例 4.3　以表 4-1 中数据为例,模式(g a g)在 4 条序列中出现了 5 次,如图 4-4 所示. 它在序列 s_1 中出现了 2 次,在其他的序列中出现了 1 次. 因此,可以说(g a g)出现的频度为 4,在 s_1 中出现的局部频度为 2,在整个数据集中出现的全局频度为 5.

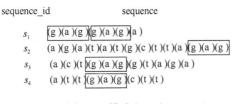

sequence_id	sequence
s_1	(g)(a)(g)(g)(a)(g)(a)
s_2	(a)(g)(a)(t)(a)(t)(g)(c)(t)(t)(a)(g)(a)(g)
s_3	(a)(c)(t)(g)(a)(g)(g)(t)(a)(g)(a)
s_4	(a)(t)(t)(g)(a)(g)(c)(t)(t)

图 4-4　模式(g a g)

本节关注的连续模式都是闭合的,即需要挖掘出闭合模式、闭合局部模式和闭合全局模式. 闭合局部模式与闭合全局模式在定义 4.3 和定义 4.4 中增加闭合的条件即可.

示例 4.4　以表 4-1 中数据为例,可以得到的连续闭合模式如表 4-2 所示. 第一列给出了连续闭合频繁模式,用变量 P 表示. 第二列是模式出现的频度即 frequent(P),第三列是全局频度 total_support(P). 最后一列表达式<sequence_id, location_ id>是 P 出现在某一序列以及在该序列中的位置. 其中,sequence_id 是序列号,location_id 是序列中的位置编号,开始于 0. 假设最小频度为 3,则可以得到 4 个闭合模式. 例如,frequent(a g a) = 3 表示模式(a g a)的频度为 3,即出现在 3 个序列 s_1、s_2 和 s_3 中. total_support(a g a) = 4 表示模式(a g a)在 S 中出现了 4 次. 它在序列 s_1 中出现了 1 次,开始位置是 4,表示为< sequence_id, location_id > = <s_1, {4}>. 它在序列 s_2 中出现了 2 次,开始位置分别是 0 和 10,可以表示为 < sequence_id, location_id> = < s_2, {0, 10}>.

表 4-2　闭合序列模式以及其频度

闭合模式	频度	全局频度	location <sequence_id, location_id>
tg	3	3	<s_4, {2}>、<s_3, {2}>、<s_2, {5}>
ct	3	3	<s_4, {6}>、<s_3, {1}>、<s_2, {7}>
gag	4	5	<s_4, {3}>、<s_3, {3}>、<s_2, {11}>、<s_1, {0, 3}>
aga	3	4	<s_3, {8}>、<s_2, {0, 10}>、<s_1, {4}>

表 4-3 显示的是序列 s_1 中发现的局部闭合频繁序列模式. 第一列是局部模式,

第二列是该模式的局部频度. 例如, 子序列 (g a g) 出现了 2 次, 出现的位置为 location_id = {0, 3}. 因此其局部频度为 2, 表示为 local_support(gag, s_1) = 2. 假设最小局部频度为 1, 则两条局部模式被挖掘出.

表 4-3　序列 s_1 中的局部闭合模式

局部模式	频度	局部频度	location <sequence_id, location_id>
gag	4	2	$<s_1, \{0, 3\}>$
aga	3	1	$<s_1, \{4\}>$

下面给出一些更具体的分析, 按照不同的最小频度阈值从 S 中可以得到不同类型的模式以及它们出现的位置, 如下所示.

(1) 如果最小频度为 3, 4 条连续闭合频繁序列模式被挖掘出: (t g)、(c t)、(g a g) 和 (a g a), 可以表示为

```
< pattern, < seuqnece_id, location_id > > = {
  < tg, {< s₄, {2} >, < s₃, {2} >, < s₂, {5} >}>,
  < ct, {< s₄, {6} >,< s₃, {1} >, < s₂, {7}> }>,
  < gag, {< s₄, {3} >, < s₃, {3} >, < s₂, {11}>,  < s₁, {0, 3}> } >,
  < aga, {< s₃, {8} >, < s₂, {0, 10} >, < s₁, {4} >}>
}
```

(2) 如果最小频度为 3, 最小局部频度为 2, 则挖掘出 2 条局部模式: (g a g) 和 (a g a). 具体出现的位置为

```
< local pattern, sequence_id > = {< gag, s₁ >, < aga, s₂ >}
```

(3) 如果最小频度为 3, 最小全局频度为 4, 则挖掘出 2 条全局模式: (g a g) 和 (a g a). 具体出现的位置为

```
< total pattern, <seuqnece_id, location_id> > = {
  < gag, {<s₄, {3}>, <s₃, {3}>, <s₂, {11}>, <s₁, {0, 3}>} >,
  < aga, {<s₃, {8}>, <s₂, {0, 10}>, <s₁, {4}>} >
}
```

4.3　算　法　设　计

本节提出算法 MCCPM 挖掘高维序列中满足不同支持频度的连续闭合频繁序列模式. 该算法针对高维生物数据, 挖掘满足最小频度、最小局部频度和最小全局频度的频繁模式、局部频繁模式和全局模式. 与已有的序列模式挖掘算

法相比，由于需要关注局部模式和全局模式，因此需要在模式挖掘过程中记录在每条序列中频繁子序列出现的位置和出现次数．算法 MCCPM 的具体实现过程分为以下四步．

　　Step1：生成长度为 1 的模式 α．

　　Step2：对每个 α，找到其投影数据库 $S|\alpha$．

　　Step3：通过 α，$S|\alpha$ 生成长度为 $l+1$ 的模式 α'．

　　Step4：对每个 α'，执行第 2 步．

其中，$S|\alpha$ 表示以模式 α 为前缀得到的投影数据库，即数据集合 S 中每条序列以 α 为前缀得到的后缀子序列集合．例如，表 4-1 中的数据为例，设频繁模式 α 为 (g a g)，则得到的投影数据库中包含 4 条子序列，即

$$S|\alpha = \{<s_1, (\text{g a g a})>; <s_1, (\text{a})>; <s_3, (\text{g t a g a})>; <s_4, (\text{c t t})>\}$$

　　MCCPM 伪代码如算法 4.1 所示，其中输入参数是最小支持频度 minfre 或最小支持度 min_sup，用于挖掘连续闭合模式；最小局部支持频度 minlocalfre，用于挖掘局部连续闭合模式；最小全局支持频度 mintotalfre，用于挖掘全局连续闭合模式．MCCPM 算法可以用于处理静态数据集合，也可以用于处理数据流．由于通常生物数据集合中序列数量较小，算法 4.2 给出的是处理静态数据集合的过程．

算法 4.1　MCCPM(S, minfre, minlocalfre, mintotalfre)
挖掘满足三种最小支持频度的闭合频繁序列模式

　　输入：S 为数据集合，minfre 为最小支持频度，minlocalfre 为最小局部支持频度，mintotalfre 为最小全局支持频度

　　输出：PS　　闭合频繁序列模式集合

```
1.  Scan S, find length-1 frequent patterns α
2.  For each α  Do
3.     Scan S again, find the location information of α: <α,
    sequence_id, location_id > and store them into PrefixLocation|α
4.     Generate S|α = pseudo projected database of prefix α
5.     Call bide(α, S|α, PrefixLocation|α, minfre, minlocalfre,
    mintotalfre);
```

算法 4.2　bide(α, $S|\alpha$, PrefixLocation$|\alpha$, minfre, minlocalfre, mintotalfre)

　　输入：α 为前缀，$S|\alpha$ 为投影数据库，PrefixLocation$|\alpha$ 为前缀出现位置，minfre 为最小支持频度，minlocalfre 为最小局部支持频度，mintotalfre 为最小全局支持频度

输出：PS   闭合频繁序列模式集合

1. Scan S|α once, find each frequent item b which is next to a

2. For each b Do

3.   Append b to α to form a new prefix α'

4.   According to PrefixLocation|α , find the location information <α', sequence_id, location_id> of α' and store into PrefixLocation|α'

5.   Let S|α' = pseudo projected database of α'

6.   Call bide(α', S|α', PrefixLocation|α', minfre, minlocalfre, mintotalfre)

示例 4.5 举例说明算法 MCCPM 的具体实现过程，以表 4-1 中数据为例. S 中包含四个项{a, c, g, t}. 假设 minfre = 2，以项(g)为前缀会得到 4 个连续闭合频繁序列模式，整个过程可以分为 5 步.

Step1：生成模式(g a g g)和(g a g)，如图 4-5 所示. 其中值'gagg(2)'表示子序列(g a g g)以及 frequent(g a g g) = 2. 由于 frequent(g a g g) ≥minfre，所以(g a g g)是频繁的. 图中子序列(g a g a)和(g a g c)的频度小于 minfre，因此两者是非频繁的，会被剪枝. 当以(g a g g)为前缀不再产生频繁子序列时，则判断是否为闭合模式. 如图 4-5(b)所示，由于 frequent(g a g g) = 2，且 frequent(g a g) = 4，所以两者皆为闭合模式.

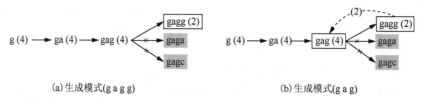

(a)生成模式(g a g g)　　　　　　　　　(b)生成模式(g a g)

图 4-5　以前缀(g a g)生成模式的过程

Step2：生成子序列(g a t)，如图 4-6 所示. 图中子序列(g a t)的频度小于 minfre，因此非频繁的，会被剪枝. 当以(g a)为前缀不再产生频繁子序列时，则判断是否为闭合模式. 如图 4-6(b)中所示，由于 frequent(g a g) = 4，而 frequent(g a) = 4，所以(g a)不是闭合模式. 这一步不产生频繁模式.

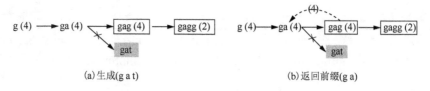

(a)生成(g a t)　　　　　　　　　(b)返回前缀(g a)

图 4-6　以前缀(g a)生成子序列的过程

Step3：生成模式 $(g\,g)$，如图 4-7 所示．由于图中子序列 $(g\,g\,a)$ 和 $(g\,g\,t)$ 的频度小于 minfre，因此是非频繁的，会被剪枝．当以 $(g\,g)$ 为前缀不再产生频繁子序列时，则判断是否为闭合模式．如图 4-7 中所示，由于 frequent $(g\,g)\geqslant$minfre 且没有与其支持频度相同的父序列，所以 $(g\,g)$ 是闭合模式．

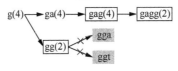

图 4-7　生成模式 $(g\,g)$

Step4：生成模式 $(g\,c\,t\,t)$，如图 4-8 所示．由于 frequent $(g\,c\,t\,t)\geqslant$minfre 且没有与其支持频度相同的父序列，所以它是闭合模式．而 frequent $(g\,c\,t)$ = frequent $(g\,c\,t\,t)$，frequent $(g\,c)$ = frequent $(g\,c\,t)$，所以频繁子序列 $(g\,c\,t)$ 和 $(g\,c)$ 都不是闭合模式．

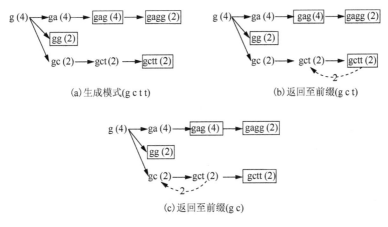

(a)生成模式 $(g\,c\,t\,t)$　　　　　　　　(b)返回至前缀 $(g\,c\,t)$

(c)返回至前缀 $(g\,c)$

图 4-8　以 $(g\,c)$ 为前缀生成子序列

Step5：由于 frequent $(g\,a)$ = 4，frequent $(g\,g)$ = 2，frequent $(g\,c)$ = 2，所以以 (g) 为前缀得到的频繁子序列最大的频度为 4．又因为 frequent (g) = 4，所以频繁子序列 (g) 不是闭合模式，如图 4-9 所示．

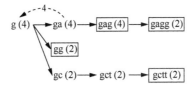

图 4-9　返回最大频度给子序列 (g)

从步骤 1～5，一共得到以 (g) 为前缀的 4 个连续闭合频繁序列模式．生成闭

合局部模式和闭合全局模式的过程相类似.

4.4　实验方式及其结果分析

实验中采用的数据是 7 条与癌症相关的 DNA 生物数据，如表 4-4 所示. 这些数据来自 NCBI[①]，一共是四类癌症数据. 表中前 4 行是直肠癌，第 5 行是胃癌，第 6 行是大肠癌，最后一行是卵巢癌. 每条 DNA 序列的长度在表中最后一列显示，平均长度是 2384 项.

表 4-4　生物序列

sequence_id	描述	项个数
s_0 (U14658)	DNA 错配修复同源基因 hPMS2 的变异与遗传性非息肉病性结肠癌的有关性	2697
s_1 (U03911)	人类同源基因 MSH2 的变异及其与遗传性非息肉病性结肠癌的有关性	3080
s_2 (U07418)	遗传性结肠癌中同源基因的变异	2503
s_3 (U07343)	DNA 错配修复同源基因 hMLH1 的变异与遗传性非息肉病性结肠癌的有关性	2484
s_4 (U27467)	在胃癌和骨髓中出现的与基因 Bcl-2 相关的新基因 Bf l-1	737
s_5 (U04045)	遗传性非息肉病性结肠癌中 mutS 同源基因的变异	2947
s_6 (U34880)	缺失关键区染色体 17p13.3 的卵巢癌 cDNA	2234

本节将对算法 PrefixSpan* 和 MCCPM 进行比较. PrefixSpan[131]是挖掘序列模式的经典算法，它用于挖掘模式全集集合. 实验中对其进行改进得到算法 PrefixSpan*，该算法挖掘的是满足多支持度的连续模式全集集合.

图 4-10 给出了算法 PrefixSpan* 和 MCCPM 的运行时间与内存消耗. 最小支持度的阈值设置为 0.5、0.7、0.8 和 1，对应的最小支持频度为 4、5、6 和 7. 从图中可以看出 MCCPM 的运行时间消耗高于 PrefixSpan*，而内存消耗低于 PrefixSpan*，这是因为前者生成的是闭合模式，闭合的回溯比较会耗费更多的时间，同时也会降低搜索树的大小，从而减少内存的消耗. 两个算法挖掘出的模式数量如图 4-11 所示，从图中可以看出，闭合模式的数量会远小于全局模式的数量，大约 43%的模式会被压缩掉. 当设置最小支持度为 1 时，得到的模式分布如图 4-12 所示. 从图中可以看出 PrefixSpan*生成的模式长度分布为 2~6，而 MCCPM 生成的模式长度集中在长度 4~6. 闭合模式集合中可以减少许多短的模式.

①　http://www.ncbi.nlm.nih.gov/guide/data-software.

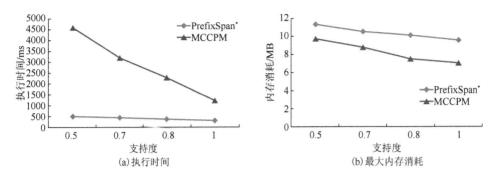

(a) 执行时间　　　　　　　　(b) 最大内存消耗

图 4-10　算法 PrefixSpan*和 MCCPM 在生物序列集上的表现

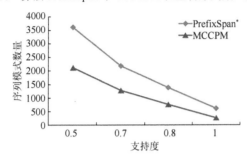

图 4-11　生物序列集上得到的模式数量

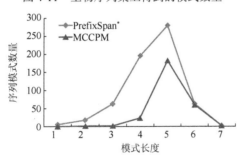

图 4-12　生物序列上得到的模式长度分布

　　下面实验讨论最小频度，最小局部频度和最小全局频度之间的关系．从算法 MCCPM 的描述中可以分析出，挖掘出的模式首先要先满足最小频度，然后再满足最小局部频度和最小全局频度．

　　设置最小支持度 min_sup 的值为 100%和 50%，即最小支持频度为 7 和 4，可以得到不同长度的连续闭合频繁序列模式的分布如图 4-13 所示．当 min_sup = 100%时，生成 267 条模式，长度分布为 1~7．当 min_sup = 50%时，生成 2103 条模式，长度分布为 1~11．

　　闭合全局模式的数量如图 4-14 所示，设置最小全局频度的值为 10、20、30、40、50．图中值 249 表示当最小支持度 min_sup = 100%且最小全局频度 total_min_ sup = 10 时，得到的闭合全局模式的数量．也就是说有 249 条模式在 7 条 DNA 序列中出现的次数超过 10 次，且出现在了每条 DNA 序列中．值 614 表示当最小支持度 min_sup = 50%且最小全局频度 total_min_sup = 10 时有 624 条全局模式被挖掘出来．图 4-14(b) 显示的是当 min_sup = 100%时闭合局部模式的数量，其中横轴表示的是序列 id 号．最小局部频度 local_min_sup 设置范围是 6～10．图中值 25 表示有 25 条模式出现在了每条 DNA 序列中，且在序列 s_6 中出现了 6 次．图 4-15 比较的是当 min_sup = 50%和 min_sup = 100%时在序列 s_0 中挖掘出的模式数量．如值 56 表示的是有 56 条模式在 s_0 中出现了 6 次，且这些模式出现在了每条 DNA 序列中．第二个值 75 表示 75 条模式在 s_0 中出现了 6 次，且这些模式出现在了 4 条 DNA 序列中．

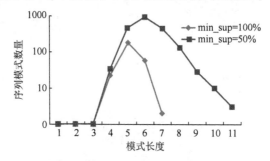

图 4-13　不同长度的闭合模式数量分布

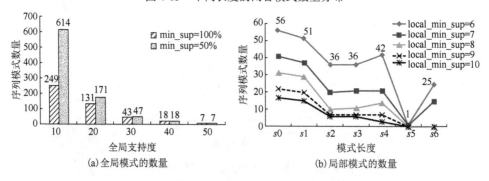

(a) 全局模式的数量　　　　　　　(b) 局部模式的数量

图 4-14　闭合全局模式和闭合局部模式的数量

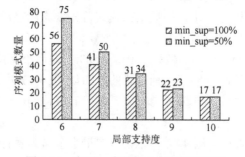

图 4-15　序列 s_0 中的闭合局部模式数量

最后，对挖掘出的模式进行分析．当设置 min_sup = 100%，最小全局频度为 50 时，7 条连续闭合全局频繁序列模式会被发现，如表 4-5 所示．这 7 条模式中有 5 条长度为 4 的模式和 2 条长度为 5 的模式．其中模式（t a t t）在 7 条 DNA 序列中出现了 76 次，具体而言，在序列 U14658 中出现了 19 次，在 U03911 中出现了 15 次，在 U07418 和 U07343 中各出现了 14 次，在 U27467 出现了 6 次，在 U04045 中出现了 7 次，以及在 U34880 中出现了 1 次．通过对相同模式在每条序列中出现的次数和位置，估计可以对序列之间的紧密程度进行分析．

表 4-5 满足全局支持度高于 50 的模式

闭合模式	支持度	全局支持度
gcct	7	72
tact	7	52
tatt	7	76
ttat	7	55
aaaaa	7	54
aatc	7	62
agatg	7	50

表 4-6 是对序列 U14658 中的局部模式进行分析，当设置 min_sup = 100% 和 local_min_sup（U14658）= 13 时可以得到 8 条局部序列．例如，模式（t a t t）出现了 19 次，出现的位置为 location_id = {2036, 2651, 401, 2946, 2978, 911, 772, 1294, 1900, 2835, 1952, 1563, 354, 2866, 1751, 2936, 2876, 2846, 2570}．通过对某一条序列中频繁出现的子序列进行分析，有可能得到具有遗传信息的重要片段．

表 4-6 U14658 中部分局部模式

闭合模式	支持度	局部支持度	location <sequence_id, location_id>
tatt	7	19	<U14658, {2036, 2651, 401, 2946, 2978, 911, 772, 1294, 1900, 2835, 1952, 1563, 354, 2866, 1751, 2936, 2876, 2846, 2570}>
ttac	7	13	<U14658, {2002, 1128, 2950, 1565, 1203, 1321, 2797, 603, 1140, 2362, 2689, 1214, 1654}>
ttat	7	13	<U14658, {713, 1252, 3053, 308, 2444, 1951, 2863, 2650, 2977, 1897, 1293, 840, 2873}>
aaaaa	7	13	<U14658, {685, 744, 1975, 684, 1611, 2985, 683, 2645, 2644, 2807, 1267, 1591, 1695}>
aatc	7	16	<U14658, {821, 2810, 2777, 789, 1431, 2237, 2578, 381, 558, 2376, 1236, 259, 222, 2397, 2026, 3063}>
aaga	7	13	<U14658, {1135, 1936, 955, 2224, 2319, 1978, 2970, 2932, 1207, 1473, 397, 1105, 271}>

闭合模式	支持度	局部支持度	location <sequence_id, location_id>
atga	7	13	<U14658, {1939, 1711, 1399, 2773, 2825, 1681, 2356, 249, 2245, 900, 759, 1455, 1273}>
agtt	7	13	<U14658, {305, 2475, 1304, 826, 2859, 865, 800, 2560, 3071, 1348, 1180, 391, 1555}>

从以上的实验结果中可以分析出以下结论.

(1)闭合模式的数量远低于全集模式的数量. 以本节数据为例,大约43%的模式会被压缩掉.

(2)挖掘出的模式首先需要满足最小支持度/频度,而后满足最小局部频度和最小全局频度.

(3)随着最小支持度的增加,得到的全局模式和局部模式的数量会有所减少.

(4)实验中仅有 7 条 DNA 序列,但是许多模式出现的次数超过了 50 次,或者在某一序列中出现的次数超过 10 次. 因此,这些模式需要被挖掘出并进行分析. 因此,挖掘满足不同支持度的连续模式是有一定意义的.

4.5　本 章 小 结

已有的频繁序列模式挖掘算法挖掘出的主要是非连续的全集模式或者压缩模式. 而对一些高维数据,尤其是生物数据进行分析时需要挖掘出的模式是连续的. 为此,本章提出了算法 MCCPM 用于挖掘满足三种不同支持度/频度的三种模式. 这三种模式都是闭合的连续的模式. 本章设计三种支持度/频度,包括支持频度(support)、局部支持频度(local_support)和全局支持频度(total_support). 当某一子序列出现的频度高于最小支持频度时,则称为频繁模式;当其在某一条序列中出现的频度高于该序列的最小局部频度时,则称为局部频繁模式;当其在整个数据集合中出现的频度高于最小全局频度时,则称为全局频繁模式. MCCPM 算法在挖掘模式时,会记录子序列在每条序列中出现的位置和次数,用于发现不同类型的模式. 而对于生物序列,发现反复多次出现的连续子序列片段可能有助于对未知的生物序列进行分析.

第 5 章　基于约束闭合模式的决策树分类算法

数据流中包含无限数据，这些数据可能包含大量的无用信息甚至是噪声，而模式挖掘可以去除数据中的无用信息且不受噪声的影响．因此，挖掘有趣的、频繁的和有区分力的模式，可以增加数据的信息量，并且这些模式可以用于提高分类效率．第 3 章和第 4 章介绍闭合模式的挖掘，本章在闭合模式的基础上，提出一种基于模式的决策树分类算法，此类相关的研究较少．

5.1　引　　言

随着数据流挖掘应用日趋广泛，数据流分类问题已成为一项重要且充满挑战的工作．根据数据流的特点，一个有效的分类器必须能跟踪并快速适应其概念的变化．已有的处理可变数据流的分类模型包括决策树、神经网络、规则学习等．

尽管存在多种方法，但决策树模型是在线数据流分类的最先进方法．原因很大一部分来自于它们有能力快速地处理大量的数据，这超出任何其他数据流或批处理学习算法[49]．最有影响力的算法之一是快速决策树(very fast decision tree，VFDT)[37]．它是一种基于 Hoeffding 不等式针对数据流挖掘环境建立分类决策树的方法．VFDTc 算法扩展了增量树学习方法，从两个方面进行提高[39]．一是设计二元搜索树用于处理数值属性；二是改进了使用，在树的叶子节点上使用朴素贝叶斯来训练实例．这种方式可以明显地提高树的预测正确率．不足之处是在二元树上的统计可能相对比较大，尤其是当实例的数值属性具有许多独特值时．HOT(Hoeffding option trees)在常规 Hoeffding 树的基础上增加了附加可选节点，允许进行多个测试，得到多个 Hoeffding 子树作为独立路径[42]．它们由独立结构组成，可以有效地表示多棵树．一些特殊的实例可以沿树的多个路径向下，有利于以不同的方式进行不同的选择．HAT(Hoeffding adaptive tree)也采用了 Hoeffding 树，它主要的优点在于不需要考虑数据流变化的速度和频度[43]．它使用概念漂移检测器 ADWIN[108]来监控树分支的性能．如果新的树枝可以得到更高的正确率，则使用新树枝代替导致正确率降低的树枝．AdoHOT(adaptive Hoeffding option tree)是在 HOT 的基础上做了改进：每个叶子存储当前误差的估计值．在投票过程中的每个节点的权重正比于误差的倒数的平方[44]．算法 ASHT(adaptive-size Hoeffding tree)是 Hoeffding 树的衍生，包括两处不同，一是它设定了分裂节点的最大数目[44]．二是当一个节点分裂后，如果 ASHT 的节点数目高于最大限定值，则删除一些节点来降低树的大小.

决策树模型可以得到好的分类正确率，且可以用于实现简单和有效的集成分类模型. 如 EM 是处理可变数据流的自适应集成分类方法，它可以用于检测新类[46]. 它采用传统的集成分类方式处理数据流，并且不断地自动更新以适应概念变化. 但是对于新类，使用聚类方式检测. OBag 和 ORF 是基于决策树的在线数据流回归的集成方法[49]. OBag 是一种在线基于 Hoeffding 模型树的打包集成方法，ORF 是一种随机森林方法，采用随机模型树学习方法作为基本的构建模块.

模式挖掘可以去除数据中的无用信息，提取出比单个属性更有信息量的模式. 基于模式的分类具有更高的准确性，并且可以很好地解决缺损值的问题. 为此，本章研究基于频繁模式的决策树方法，用于处理数据流分类问题. 主要的贡献包括以下几方面.

(1) 为了提高分类模型的创建效率和分类正确率，提出了一种 4 步骤数据流分类处理流程：输入-模式-训练-模型.

(2) 为了满足用户的不同需求，提出了一种基于约束的闭合模式挖掘算法.

(3) 首次提出了基于模式的决策树分类方法. 该方法具有两层结构，第一层设计数据流模式挖掘方法用于发现具有类约束的闭合模式，且设计模式抽取策略用于决策树学习. 第二层设计基于模式的决策树分类算法，使用概念漂移检测器检测概念变化从而自动调整分类模型.

本章 5.2 节介绍实例数据流中的频繁模式定义；介绍数据流分类方法，包括决策树和贝叶斯网络；介绍三种概念漂移检测的方法. 5.3 节详细介绍基于模式的决策树分类方法的两层学习过程. 5.4 节通过算法在真实数据流和模拟数据流上的比较，实验验证了本章提出算法的优势. 5.5 节针对航空数据流的延误问题，介绍采用基于约束模式的关联规则和决策树解决实际问题的处理过程. 5.6 节是本章小结.

5.2　背景知识

本节介绍实例数据流中频繁模式的概念，数据流分类常用的决策树和贝叶斯网络模型，最后介绍三种常用的概念漂移检测方法.

5.2.1　实例数据流的频繁模式

实例数据流 DS = $\{T_1, T_2, \cdots, T_m, \cdots\}$ 是一个有时间顺序的、连续的、无限的实例序列. 其中 $T_m (m = 1, 2, \cdots)$ 是第 m 个产生的实例，它是一个元组，可以表示为形式 $< X, C_{id} >$. 其中 X 是一些条件属性值的集合；C_{id} 是该实例所属类标号. 实例数据流中的频繁模式、闭合频繁模式以及临界频繁模式的定义与事务数据流中相似，这里不再一一给出定义. 与事务数据流相比，用于分类的实例数据流的特征在于以下两方面.

(1)实例数据具有相同数量的属性，即实例长度相同.

(2)每个实例都是具有类属性的，可以用于分类预测.

示例 5.1　包含 8 个实例的数据集合如表 5-1 所示. 每个实例长度为 5，分别包含 4 个条件属性和 1 个类属性. 条件属性 A_1、A_2、A_3、A_4 的取值个数分别为 3、3、2、2. 类属性为 C，包括两个取值 {yes, no}. 设定变量 A_i 表示条件属性，i 表示第 i 个属性. A_{ij} 为属性 A_i 的第 j 个取值. C_k 为类的第 k 个取值. V_{ijk} 表示在 C_k 条件下 A_{ij} 的个数.

表 5-1　数据流

实例	A_1	A_2	A_3	A_4	C
T_1	a1	b1	c1	d1	yes
T_2	a1	b1	c1	d2	yes
T_3	a1	b2	c1	d1	yes
T_4	a1	b2	c2	d2	no
T_5	a1	b3	c1	d1	yes
T_6	a1	b3	c1	d2	no
T_7	a2	b2	c2	d2	no
T_8	a3	b2	c2	d2	no

若设置最小支持度 θ 为 0.3，则项集 $P_1 = <$ a1, c1, yes $>$ 为闭合频繁模式. 这是由于它出现在实例 T_1，T_2，T_3，T_5 中，可以得出其频度为 4，满足 $\text{freq}(P_1) > 0.3 \times 8 = 2.4$；且不存在与 P_1 频度相同的父频繁项集. 而项集 $P_2 = <$ a1, yes $>$ 不是闭合频繁模式，这是由于存在父项集 P_1，且满足条件 $\text{freq}(P_1) = \text{freq}(P_2)$.

5.2.2　数据流分类方法

Bifet 提出数据流分类循环过程包括 3 个步骤，如图 5-1 所示[44].

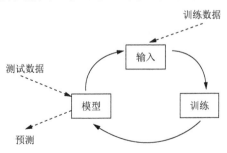

图 5-1　数据流分类循环示意图[44]

循环过程包括以下几方面.

(1)传递数据流中下一个可用的数据至算法中.这一步需要实时处理且每个数据被处理一次.

(2)算法尽可能快地处理数据,更新数据结构.

(3)算法准备好接收下一个数据,且随时可以对未知数据的类值进行预测.如此不断地循环反复对数据流进行处理.

数据流常用的分类方法包括神经网络、支持向量机、关联/分类规则、决策树、贝叶斯等.本节将对决策树分类方法以及贝叶斯网络分类方法进行介绍.

1. 决策树分类方法

决策树是数据流分类中常用的模型之一.常用的属性分裂准则包括信息增益(information gain)、增益率(gain rate)和基尼指数.本节将重点考虑信息增益,其计算方法如式(5-1)所示.

$$\text{Gain}(A_i) = H(C) - H(C \mid A_i) \tag{5-1}$$

$$H(C) = -\sum_k P(C_k) \log_2(P(C_k))$$

$$H(C \mid A_i) = -\sum_j P(A_{ij}) \sum_k P(C_k \mid A_{ij}) \log_2(P(C_k \mid A_{ij}))$$

其中,Gain()表示信息增益值;$H()$表示熵;$P()$为概率值.

Domingos 和 Hulten 使用了 Hoeffding 树用于数据流分类,这是一种基于 Hoeffding 不等式建立分类决策树的方法[37]. Hoffding 不等式的定义如式(5-2)所示:假定一个实数型的随机变量 r 的取值范围是 R(例如,针对信息增益范围是 $\log c$,c 为类别个数).假定 r 的 n 个独立样本点,计算它的样本均值为 r'.则 r 的真实平均值 $\bar{r}$ 至少是 $r' - \varepsilon$ 的概率为 $1 - \delta$.式(5-2)中 n 的最小取值就是当前节点进行分裂时所需的最小实例数.

$$P(\bar{r} \geqslant r' - \varepsilon) = 1 - \delta, \quad \varepsilon = \sqrt{\frac{R^2 \ln(1/\delta)}{2n}} \tag{5-2}$$

令 $G(X_i)$ 表示选择分裂属性的度量准则.在 n 个观测实例后,X_a 与 X_b 是得到的最好的和第二好的分裂属性.在 VFDT 算法中,当 $\Delta G = G(X_a) - G(X_b) > \varepsilon$ 时,说明两个最好节点之间的差别大于 $r' - \varepsilon$ 的置信度为 $1 - \delta$.那么可以选择节点 X_a 创建子树.

VFDT 算法是增量更新的,是单遍扫描数据的,这满足数据流挖掘的要求.当每个实例到达后,VFDT 使用 Hoeffding 边界检查是否存在最好的分裂属性用于创建下层树节点. VFDT 的算法描述如算法 5.1 所示,其中 $G()$ 为信息增益度量准则,n_{ijk} 为每个节点的信息统计.

算法 5.1　VFDT (S, δ)

输入：S 为数据流，δ 为选择正确分裂节点所需的概率

输出：HT 决策树

```
1.   Let HT be a tree with a single leaf (root)
2.   Compute counts nᵢⱼₖ at root
3.   For each example (x, y)in S Do
4.      Sort (x, y)to leaf l of HT
5.      Updata nᵢⱼₖ at leaf l
6.      Compute information gain G for each attribute from counts nᵢⱼₖ
7.      If G(Best Attr. BA₁)-G(2nd best Attr. BA₂)> ε
8.      Then Spit leaf l on best attribute
9.          For each branch
10.            Do initialize new leaf counts at l
```

2. 贝叶斯网络分类方法

贝叶斯网络是表示变量间概率依赖关系的有向无环图 $\beta = <N, A, \Theta>$，其中节点 $n \in N$ 表示变量，每条边 $a \in A$ 表示变量间的概率依赖关系，对每个节点都对应着一个条件概率分布表 (conditional probability tables，CPTs)，该表指明该变量与父节点间的概率依赖关系，Θ 是 CPTs 的参数. 设定 $X = \{X_1, X_2, \cdots, X_n\}$ 表示变量，$x = \{x_1, x_2, \cdots, x_n\}$ 表示变量取值，则贝叶斯网络的联合概率分布可以表示为

$$P(x_1, \cdots, x_n) = \prod_{i=1}^{n} P(x_i \mid \text{parent}(x_i))$$

其中，$\text{parent}(x_i)$ 表示节点 X_i 的父节点取值.

按照属性之间的依赖关系，贝叶斯网络可以分为朴素贝叶斯网络和扩展贝叶斯网络. 朴素贝叶斯具有条件独立性假设，即假设样本的非类别属性在给定类别的条件下相互独立. 扩展贝叶斯是对朴素贝叶斯分类器网络结构的增强，例如，放弃条件独立性假设，在它的基础上增加属性间可能存在的依赖关系.

单依赖估计器 (one dependence estimators，ODE) 是指属性除了类属性，最多依赖于一个父属性. 超父节点单依赖估计器 (superparent one dependency estimator，SPODE) 是所有属性依赖于同一父属性 (超父) 的 ODE. 本书提出一种基于最小描述长度 (minimum description length，MDL) 进行属性依赖度量的贝叶斯分类网络，它包含多个 SPODE. 即如果有 n 个条件属性，则包含 n 个 SPODE. 本书作者使用 MDL 对 n 个 SPODE 进行两类精简：一类是减少 SPODE 的数量；第二类是保留 n 个 SPODE，但是对内部的属性依赖关系进行删减.

假设有 5 个条件属性和 1 个类属性，初始得到的贝叶斯网络具有 5 个 SPODE，

经过 MDL 精简得到的贝叶斯网络如图 5-2 所示. 作者提出了三个基于 MDL 的算法: AMDL、BSEMDL 和 LMDL. 其中 BSEMDL 算法采用逐渐减少 SPODE 的方式, 即从初始状态开始, 使用 MDL 准则度量逐一减少 SPODE. 每次对删减后的分类器正确率做估计, 如果比上一状态正确率增加, 则认为可以删除 SPODE, 直到正确率不再增加或仅有一个 SPODE. LMDL 算法是从初始状态开始, 使用 MDL 准则度量每个 SPODE 内部的属性依赖关系, 即删除某一属性与其超父节点之间的依赖关系后, 如果正确率增加则删除该依赖. 直到正确率不再增加或无依赖关系. 以 LMDL 算法为例, 具体的实现过程如算法 5.2 所示. 其中 StepM 是更新分类器的步长, 每当实例滑动 StepM 个时即对当前分类器采用 MDL 准则进行精简.

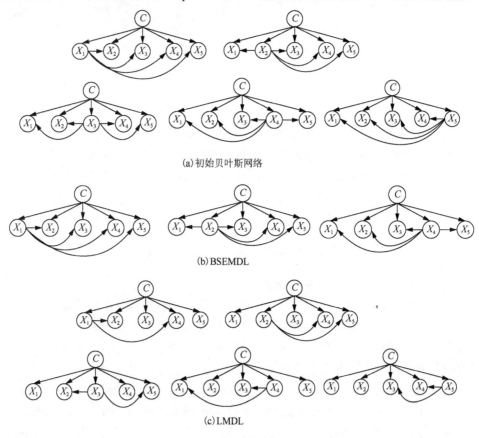

图 5-2　具有 5 个 SPODE 的初始贝叶斯网络与精简的贝叶斯网络

算法 5.2　LMDL(S 数据流, StepM 更新分类器的步长)

输入: S 数据流, StepM 更新分类器的步长

输出: BN 贝叶斯分类器

1. The BN is initialized to n SPODEs, and the set of SuperParent, SP, includes the full set of attributes. The set of children attributes of X_{sp} is denoted as CHILD$(X_{sp}) = \{X_i|\ i = 1,\cdots,n,\ i\neq sp\}$.
2. Compute counts n_{ijk}
3. accurcy$A$ is the classification accuracy of BN
4. For each example $(x,\ y)$ in S Do
5. 　　Update counts n_{ijk}
6. 　　Test $(x,\ y)$ with the BN
7. 　　If number of sliding examples is StepM then
8. 　　　accuracy$B$ is the classification accuracy of the network
9. 　　　if accuracy$B$>accuracy$A$ then
10. 　　　　accuracy$A$ = accuracy
11. 　　　else
12. 　　　　*In* BN, *using* MDL *to* delete one arc which result in the lowest MDL score $G_i(X_{sp})$ in one SPODE

5.2.3　分类过程中概念漂移检测方法

概念漂移是指数据流中观测到的数据潜在分布会随着时间改变. 处理此类数据流, 分类器应能挖掘概念改变的信息, 并快速调整分类模型以适应概念变化[109]. 研究中出现了很多方式处理数据流分类中的概念漂移问题, 包括使用滑动窗口和实例权重[110]、检测概念改变点[111]、监控两个不同时间窗口内分布[109]等. 如 Gama 等提出基于错误率的概念检测分类方法[112]. Baena 等提出基于分类错误距离的概念检测方法[113]. Gama 等提出一种两层学习系统来解决周期性概念问题[109]等.

给定预测目标变量 y 和条件变量 X, 则一个实例可以表示为(X,y). 概念改变可以定义为多个形式, 在时间点 t_0 和 t_1 出现的概念漂移可以定义为式(5-3)所示[24].

$$\exists X: P_{t_0}(X,y) \neq P_{t_1}(X,y) \tag{5-3}$$

其中, P_{t_0} 表示在时间点 t_0 时输入变量 X 和目标变量 y 之间的联合分布.

概念漂移还可以表示为其他形式:

(1) 类的先验概率 $P(y)$ 可能改变.

(2) 类的条件概率 $P(X|y)$ 可能改变.

(3) 类的后验概率 $P(y|X)$ 可能改变, 这会影响分类预测.

对于预测分类来说, 关注的是两类变化, 一类是数据分布 $P(y|X)$ 是否改变, 是否影响预测结论; 另一类是在不知道真实类标的情况下, 数据分布的改变是否

可见．当概念改变影响了预测结论时即需要处理．

概念漂移可以分为真实概念漂移(real concept drift)和虚假漂移(virtual drift)．真实概念漂移是指无论 $P(X)$ 是否发生改变，$P(y|X)$ 发生改变．虚假漂移是指输入数据改变，即 $P(X)$ 发生改变，但 $P(y|X)$ 没改变．图 5-3(a)是原始数据，不同形状代表不同的类．图 5-3(b)是发生了真实概念漂移，$P(y|X)$ 发生改变．而图 5-3(c)是发生了虚假漂移，即 $P(X)$ 发生改变，但 $P(y|X)$ 没改变．

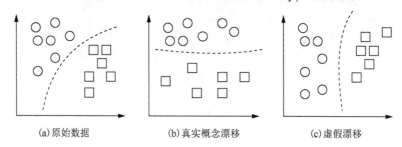

(a)原始数据　　　　　(b)真实概念漂移　　　　　(c)虚假漂移

图 5-3　真实概念漂移和虚假漂移

下面介绍三种常见的概念漂移检测方法，包括序列分析方法、统计过程控制方法和可变窗口方法．

1)序列分析方法检测概念漂移

PH(page-hinckley)方法是一种基于序列分析的检测器[24, 114]．这是一种连续分析技术用于信号处理过程的概念改变检测．它可以有效地检测模型建立的正常行为中的概念改变．PH 检测可以连续适应且检测高斯信号平均值突变．

这种检测包含两个变量，测试变量 m_T 定义了至今为止观测值和平均值之间的累计差，如式(5-4)所示．PH 检测之间 m_T 和 M_T 的不同如式(5-5)所示．当这种不同高于用户定义阈值 η 时，则标记改变．定义较大的 η 值可以得到较少的误改变，但可能错过一些改变．

$$m_T = \sum_{t=1}^{T}(x_t - \overline{x}_T - \delta), \quad \overline{x}_T = \frac{1}{T}\sum_{t=1}^{T}x_t \tag{5-4}$$

$$\mathrm{PH}_T = m_T - M_T \tag{5-5}$$

其中，δ 是可以容忍的变化幅度．m_T 的最小值定义为 $M_T = \min(m_t, t = 1, \cdots, T)$．

2)统计过程控制方法检测概念漂移

SPC(control charts or statistical process control)是一种基于统计过程控制的检测器[24, 115]．它是标准的统计技术，用于检测和控制连续过程生产的产品质量．SPC 把学习看作过程并且监视整个过程的演变．

给定预测目标变量 y 和条件变量 X，则一个实例可以表示为 (X, y)．对每个实例进行处理，分类模型预测为 y'，得到的结论可以是 true($y = y'$)或 false($y \neq y'$)．给定一组实例，则错误率是一个随机变量且满足伯努利分布. 二项式分布给出了表示 n 个实例错误率随机变量的一般形式. 在时间点 i，假定观测到值为 false 的错误率是概率 $P_i(y \neq y')$，标准偏差是

$$\sigma_i = \sqrt{P_i(1 - P_i) / i}$$

概念漂移检测器在模型操作过程中记录两个值：$P_{\min}$ 和 $\sigma_{\min}$. 在时间点 i，对当前实例做过预测后更新预测错误，如果 $P_i + \sigma_i < P_{\min} + \sigma_{\min}$，则令 $P_{\min} = P_i$ 且 $\sigma_{\min} = \sigma_i$.

假定在时间点 i，实例 (X_i, y_i) 到达，模型预测后得到 P_i 和 σ_i. 则系统处理实例的过程可以定义为以下三个状态. 当出现不可控状态时说明出现了概念漂移，需要做处理.

（1）可控（in-control）. 如果 $P_i + \sigma_i < P_{\min} + 2 \times \sigma_{\min}$，则称为 IC. 即系统是稳定的，实例 (X_i, y_i) 与之前的实例是同分布的.

（2）不可控（out-of-control）. 如果 $P_i + \sigma_i \geqslant P_{\min} + 3 \times \sigma_{\min}$，则称为 OC. 即错误与之前的实例相比有明显的增加. 有 99% 的概率，最新实例与历史实例是不同分布的.

（3）警告（warning）状态在以上两个状态之间. 这不是一个决定状态.

3）可变窗口方法检测概念漂移

最近常用的监控分布方式是可变窗口（ADWIN）方法. 它使用 Hoeffding 边界来保证窗口的最大宽度，且在窗口内没有概念改变. ADWIN 是一种概念漂移检测器和评估器，它是一种捕获流平均数的很好方法. 它保留一个可变长度窗口大小的最新实例，窗口足够大使得在这个窗口内不存在概念漂移. ADWIN 主要工作思路是，当最新窗口 W 中两个足够大的子窗口 W_1 和 W_2 可以展示足够明显的平均数，并且可以推断出相应的预测值是不同的，则窗口中较旧的部分可以删除. 其中足够大和足够明显可以用 Hoeffding 边界定义，即两个子窗口的平均大于变量 ε_{cut}，如式（5-6）所示.

$$m = \frac{2}{1 / |W_1| + 1 / |W_2|}$$

$$\varepsilon_{\text{cut}} = \sqrt{\frac{1}{2m} \times \ln \frac{4|W|}{\delta}} \tag{5-6}$$

其中，$|W|$ 为最新窗口 W 的大小；$|W_1|$ 和 $|W_2|$ 是两个子窗口 W_1 与 W_2 的大小，且满足 $|W| = |W_1| + |W_2|$；m 是 W_1 和 W_2 的调和平均数（harmonic mean）.

5.3　算法设计

本节介绍一种基于闭合频繁模式的决策树分类方法建立过程. 这是一种两层

结构算法，第一层挖掘具有类约束的闭合频繁模式，然后给定抽取模式的策略选择模式集合；第二层，基于模式建立分类决策树.

　　本节首先提出一种基于模式的数据流分类循环过程，包括 4 个步骤，如图 5-4 所示.

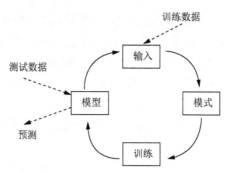

图 5-4　基于模式的数据流分类循环示意图

　　和图 5-1 中常规循环过程相比，在进行分类器训练之前，增加了一步生成模式. 具体而言循环过程包括：

　　(1) 传递数据流中下一个可用的数据 T_{new} 至算法中.

　　(2) 对 T_{new} 进行频繁模式挖掘，更新模式相关数据结构.

　　(3) 算法尽可能快地处理抽取模式集合中的每个数据，更新数据结构.

　　(4) 算法准备好接收下一个数据，且随时可以对未知数据的类值进行预测.

　　如此不断地循环反复对数据流进行处理. 这样的目的有两个，一是去除数据中的无用信息或者噪声；二是得到的频繁模式具有的信息多于单个的属性，有利于提高决策树创建的效率.

　　本节设计的算法采用滑动窗口和时间衰减模型对数据流进行增量更新的模式挖掘. 时间衰减模型在模式挖掘过程中，可以提高新事务的权重降低历史事务权重，目的是与滑动窗口配合解决模式挖掘过程中的概念漂移问题. 且分类模型训练过程中使用频度较高的 top-k 模式，相比原始数据而言包含了更多的信息，会生成更加合理的决策树. 因此，采用图 5-4 中的数据流分类循环是合理的.

5.3.1　约束模式的研究

　　为了挖掘出满足用户需求的有趣模式，需要设计约束. 常见的约束类型包括：内容约束，用于筛选挖掘模式的内容；长度约束，限制每个模式中的项数；时间约束，考虑到时间的跨度等. 本节设计使用不同的内容约束，约束概念如定义 5.1 所示，其中 I 是项的集合，即 $I = \{\text{item}_1, \text{item}_2, \cdots, \text{item}_m\}$，$\text{item}_i$ 指不同属性取值的集合.

定义 5.1（约束）　约束 Constraint 是 I 的幂集，即 Constraint: $2^I \rightarrow$ {true, false}. 对任意一个频繁项集 P，如果 Constraint (P) = true，则称 P 满足约束 Constraint.

为了下一步的分类使用，本节挖掘的频繁模式必须是满足类约束的，定义如 ConstraintA 所示.

ConstraintA（类约束）：对任意一个频繁项集 P，如果它是闭合的，且包含类属性值，则称其满足约束 ConstraintA. 即 Constraint $(P) \equiv$ Closed $(P) \wedge P.C$. 其中 Closed (P) 表示 P 是闭合的，$P.C$ 表示类属性.

除了类属性，用户可能还需要具有某一个或某一些属性，以及某些具体值的模式. 如果挖掘出的模式需要包含属性 X_i，且必须包含其某些取值 $\{x_{ij}, x_{ij+1}, \cdots, x_{ij+k}\}$，则需要定义的约束如 ConstraintB 所示. 假定挖掘出的模式必须包含属性 X_i，且它的取值是一个范围，则需要满足的约束如 ConstraintC 所示. 如果有些模式需要满足多个约束，可以使用联合约束进行筛选，如 ConstraintD 所示.

ConstraintB（枚举约束）：对任意一个频繁项集 P，如果它包含属性 X_i，且包含 X_i 的取值 $\{x_{ij}, x_{ij+1}, \cdots, x_{ij+k}\}$，则称其满足约束 ConstraintB. 即 Constraint $(P) \equiv P$. $X_i = \{x_{ij}, x_{ij+1}, \cdots, x_{ij+k}\}$.

ConstraintC（范围约束）：对任意一个频繁项集 P，如果它包含属性 X_i，且 X_i 的取值属于 [lowbound, hibound]，则称其满足约束 ConstraintC. 即 Constraint $(P) \equiv P$. $X_i \in$ [lowbound, hibound].

ConstraintD（联合约束）：对任意一个频繁项集 P，如果它需要满足约束 Constraint1, $\cdots$, Constraint$n$，则称其满足联合约束 ConstraintD. 即 Constraint $(P) \equiv$ Constraint1 (P) = true $\wedge$ Constraint2 (P) = true $\wedge \cdots \wedge$ Constraint$n$ (P) = true.

示例 5.2　以表 5-1 中的数据为例，满足不同约束的闭合频繁模式如表 5-2 所示. 假定需要挖掘出具有类和属性 A_1 的闭合模式，则需要定义约束为 ConstraintE，具体得到的模式共有 3 条. 假定挖掘出的模式是闭合的，具有类属性且必须包含属性 A_3 的取值 d2，则称其需要满足约束 ConstraintF，得到的模式如最后一行值所示，共有 3 条.

表 5-2　满足约束的闭合模式集合

约束	模式集
ConstraintA	< a1, c1, yes >, < a1, c1, d1, yes > < a1, d2, no >, < b2, c2, d2, no >, < d2, no >
ConstraintE	< a1, c1, yes >, < a1, c1, d1, yes >, < a1, d2, no >
ConstraintF	< a1, d2, no >, < b2, c2, d2, no >, < d2, no >

ConstraintE：对任意一个频繁项集 P，如果它是闭合的，且包含类属性 C 和条件属性 A_1，则称其满足约束 ConstraintE. 即 Constraint $(P) \equiv$ Closed $(P) \wedge P.C \wedge P.A_1$.

　　ConstraintF：对任意一个频繁项集 P，如果它是闭合的，且包含类和属性 A_3，且 A_3 的取值为 d2，则称其满足约束 ConstraintF．即 $Constraint(P) \equiv ConstraintA$ $(P) \wedge P.A_3 = \{d2\}$．

5.3.2　约束闭合模式挖掘算法

　　基于模式的决策树分类算法中所使用的频繁模式是具有类约束的．因此，本节设计 CCFPM（class-based and closed frequent pattern mining over data stream）算法挖掘具有类约束闭合频繁模式．CCFPM 算法的实现过程与第 3 章 TDMCS 算法的实现步骤相近，主要包括两个子过程．

　　(1) CCFPMADD(T_{new}) 用于处理新实例 T_{new}．主要工作包括两个，一个对已经存在的与新实例相关的模式更新其频度；二是将新实例产生的新模式加入模式集合．

　　(2) CCFPMOLD(STEPM) 用于处理历史模式．每当窗口收缩后将删除历史模式信息，主要是删除不满足最小支持频度的历史模式或者非闭合模式．

　　本节设计算法 CCFPM 挖掘满足类约束的闭合频繁模式，使用可变滑动窗口模型处理概念漂移问题．算法中设定检测到概念漂移时缩减滑动窗口，否则窗口会不断扩展．窗口的扩展和收缩受到概念漂移检测器的控制．假设当前窗口大小为 N，图 5-5 表示了可变滑动窗口扩展和收缩的过程，其中 $|new' - new|$ 表示 T_{new}' 与 T_{new} 之间的实例个数或者时间的距离．图 5-5(b) 表示没有发生概念漂移时，滑动窗口会扩展窗口的尺寸，从 N 扩展到 $N + |new' - new|$．图 5-5(c) 表示发生概念改变时，滑动窗口会缩减尺寸，减少的尺寸是 $|W_1|$，窗口大小会从 N 收缩至 $|W_2|$．

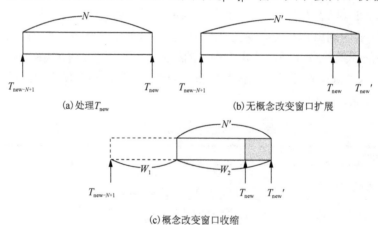

图 5-5　可变滑动窗口的扩展和收缩

　　图 5-6 介绍了增量更新频繁模式挖掘的过程，输入的为数据流 DS，输出的为

模式流 PS. 依次按窗口大小将实例划分为数据块 $B_i(i = 1, 2, 3, \cdots)$，每个数据块生成相应的模式集合 PS_i. 当每个新实例到达时，更新频繁模式集合. 每次挖掘的都是可变滑动窗口的最新实例. 为了提高算法效率，会在发生概念改变时收缩窗口并进行历史模式的删除. 为了使用模式训练分类器，本节采用按频度 STEPM 抽取模式集合的方法. 即每当处理 STEPM 个的实例后，则抽取最新的 PS_i' 参与决策树训练.

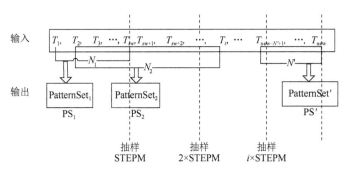

图 5-6 可变滑动窗口中挖掘模式示意图

本节仅给出新实例的处理算法 CCFPMADD(T_{new})的实现过程，如算法 5.3 所示. 使用的 3 个数据结构 ClosedTable、CidList 和 NewTransactionTable 在第 3 章中已经介绍. 算法输入参数 C 表示约束条件，算法中的函数 sup() 表示衰减频度. 参数 N 不是固定窗口大小而是当前的窗口大小. 随着处理实例数量的增加，N 的值不断增加. 当检测到概念漂移时，N 的大小减少为$|W_2|$. 算法中存储的与新实例相关的子项集 inters 首先必须满足约束条件，然后才能进行下一步的工作，否则会被直接丢弃. 当检测到概念漂移时，还会对历史模式进行更新，以提高算法的执行效率.

算法 5.3 CCFPMADD(T_{new}, N, f, ξ, C)处理新实例，挖掘具有类值的闭合频繁模式

输入： $T_{new} = (x, y, \text{weight})$ 实例，N 为滑动窗口大小，f 为衰减因子，ξ 为最大允许误差率，C 为约束

输出：PS 频繁模式集合

```
1.   Add Tnew to NewTransactionTable
2.   Let inters = Tnew ∩ ClosedTable according to PidList
3.   If inters satisfy constraint Constraint
4.   Then Add inters to NewTransactionTable
5.   For each TempItem in NewTransactionTable Do
6.      If interS ∈ ClosedTable
```

```
7.        Then update sup( interS ) = sup( interS ) × factor(f, new-old) + r
8.      Else If sup( interS )⩾ ξ
9.          Then add <interS, sup( interS )> to ClosedTable
10. If item∈ T_new and item is not in CidList
11. Then add item to CidList
12. If ConceptChange is TRUE
13. Then drop history frequent patterns from PS
14.        And get the new sliding window size N = |W_2|
15. Else N++
```

示例 5.3　包含 8 个实例的数据集合如表 5-1 所示. 若设置模式满足的最小频度为 2, 得到满足类约束的频繁模式集合如表 5-3 所示, 共得到 5 条模式. 这些模式可用作训练实例. 如 P_2 < a1, c1, d1, yes >增加缺损值, 补充为 < a1, ?, c1, d1, yes >即可.

表 5-3　具有类属性的闭合模式集合

模式编号	模式	频度
P_1	< a1, c1, yes >	3
P_2	< a1, c1, d1, yes >	2
P_3	< a1, d2, no >	2
P_4	< b2, c2, d2, no >	3
P_5	< d2, no >	4

5.3.3　基于模式的决策树算法

　　由于数据流中可能存在着大量无用信息或噪声, 对其进行模式挖掘得到的模式结果集合的优势在于: ①可以去除其中的噪声; ②得到信息量更大的模式数据.

　　采用这些模式数据进行决策树训练, 理论上可以提高创建分类器的效率以及提高分类的正确率.

　　示例 5.4　以信息增益为例研究基于模式的决策树建立过程. 使用模式建立决策树需要考虑频度/权重的使用. 为此, 将表 5-1 与表 5-3 中的数据进行格式修改为表 5-4 和表 5-5. 处理过程是为原始数据中的每条实例加上权重 1, 数据集表示为 DS; 为模式补充缺损值增加至原始实例的长度, 且采用频度值表示权重, 数据集表示为 PS. 为了更好地比较在 DS 和 PS 上的分裂属性的选择方法, 引入以下变量.

表 5-4　带有权重的数据集

实例	A_1	A_2	A_3	A_4	C	权重
T_1	a1	b1	c1	d1	yes	1
T_2	a1	b1	c1	d2	yes	1
T_3	a1	b2	c1	d1	yes	1
T_4	a1	b2	c2	d2	no	1
T_5	a1	b3	c1	d1	yes	1
T_6	a1	b3	c1	d2	no	1
T_7	a2	b2	c2	d2	no	1
T_8	a3	b2	c2	d2	no	1

表 5-5　带有权重的模式集

实例	A_1	A_2	A_3	A_4	C	权重
T_1	a1	?	c1	?	yes	3
T_2	a1	?	c1	d1	yes	2
T_3	a1	?	?	d2	no	2
T_4	?	b2	c2	d2	no	3
T_5	?	?	?	d2	no	4

WV_k：表示类属性取值为 C_k 的权重之和.

WV_{ij}：表示属性 A_i 为第 j 个值的权重之和.

WV_{ijk}：表示类属性取值为 C_k 的条件下，属性 A_i 为第 j 个值的权重之和.

SumWV：表示数据集合中实例的权重之和. 设置的目的是由于存在缺损值.

在 DS 和 PS 上得到的 $\mathrm{Gain}(A_1)$ 的计算过程如表 5-6 所示. 从表 5-6 中可以看出在 PS 上的计算量少于在 DS 上的. 分别采用信息增益度量准则在 DS 和 PS 上生成决策树模型，得到的树结构如图 5-7 所示. 从得到的树结构可以看出，在不进行树结构限制的条件下，在 DS 上得到树结构大于在 PS 上得到的结构. 相比较而言，DS 包含 8 条实例，得到的树包含 8 个节点，其中 5 个叶子节点；PS 包含 5 条实例，得到的树包含 4 个节点，其中 3 个叶子节点. 整体而言，在 PS 进行分类模型训练可以有效地减少训练时间，生成的树结构也会更加紧凑.

表 5-6　在 DS 和 PS 上得到 $\mathrm{Gain}(A_1)$ 的过程

	DS	PS
SumWV	8	14
WV_k	$WV_1 = 4, WV_2 = 4$ $WV_{11} = 6, WV_{12} = 1, WV_{13} = 1$ $WV_{111} = 4, WV_{121} = 0$	$WV_1 = 3 + 2 = 5$ $WV_2 = 2 + 3 + 4 = 9$ $WV_{11} = 3 + 2 + 2 = 7$

	DS	PS
WV_k	$WV_{131}=0, WV_{112}=2$ $WV_{122}=1, WV_{132}=1$	$WV_{12}=3+4=7$ $WV_{111}=3+2=5$ $WV_{121}=0, WV_{112}=2$ $WV_{122}=3+4=7$
$P(C_k)=\dfrac{WV_k}{SumWV}$	$P(\text{yes})=WV_1/SumWV$ $=4/8=0.5$ $P(\text{no})=WV_2/SumWV$ $=4/8=0.5$	$P(\text{yes})=WV_1/SumWV$ $=5/14=0.36$ $P(\text{no})=WV_2/SumWV$ $=9/14=0.64$
$P(A_{ij})=\dfrac{WV_{ij}}{SumWV}$	$P(a1)=6/8=0.75$ $P(a2)=1/8=0.125$ $P(a3)=1/8=0.125$	$P(a1)=7/14=0.5$ $P(?)=7/14=0.5$
$P(C_k\mid A_{ij})=\dfrac{WV_{yk}}{WV_{ij}}$	$P(\text{yes}|a1)=4/6=0.67$ $P(\text{no}|a1)=2/6=0.33$ $P(\text{yes}|a2)=0$ $P(\text{no}|a2)=1$ $P(\text{yes}|a3)=0$ $P(\text{no}|a3)=1$	$P(\text{yes}|a1)=5/7=0.71$ $P(\text{no}|a1)=2/7=0.29$ $P(\text{yes}|?)=0/7=0$ $P(\text{no}|?)=7/7=1$
$H(C)=-\sum\limits_k P(C_k)\log_2(P(C_k))$	$H(C)$ $=-0.5\times\log_2 0.5-0.5\times\log_2 0.5$ $=1$	$H(C)$ $=-0.36\times\log_2 0.36$ $\quad-0.64\times\log_2 0.64=0.94$
$H(C\mid A_i)$ $=-\sum\limits_j P(A_{ij})\sum\limits_k P(C_k\mid A_{ij})\log_2(P(C_k\mid A_{ij}))$	$H(C|A_1)$ $=-0.75\times(0.67\times\log_2 0.67$ $\quad+0.33\times\log_2 0.33)$ $\quad-0.125\times(1\times\log_2 1)$ $\quad-0.125\times(1\times\log_2 1)$ $=0.69$	$H(C|A_1)$ $=-2\times0.5\times(0.71\times\log_2 0.71$ $\quad+0.29\times\log_2 0.29)$ $=0.86$
$\text{Gain}(A_i)=H(C)-H(C\mid A_i)$	$G(A_1)=1-0.69=0.31$	$G(A_1)=0.94-0.86=0.08$

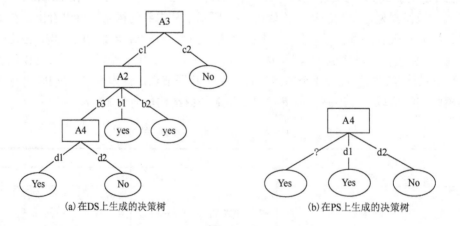

(a) 在 DS 上生成的决策树 (b) 在 PS 上生成的决策树

图 5-7　在 DS 或 PS 上生成的决策树

采用 PS 生成决策树可能存在的问题在于：①当生成的模式频度低，模式长度短时，生成的树结构可能会过于庞大，而分类正确率不一定提高；②设定的 k 值过低时，取 top-k 后生成的树结构包含的信息或许会不足，会导致一定的正确率降低．因此，对密度高的数据流进行分类时，由于得到的模式频度高、长度合适，可以使用 PS 做训练数据；而密度低的数据流进行分类时，由于得到的模式频度稍低或模式较短，可以考虑取频度最高的 k 个频繁模式和原始数据一起进行训练生成模型．优势在于可以提高分裂属性的选择效率，且提高正确率．

由于需要模式参与训练而且模式数据中存在缺损值，因此使用数据时会考虑权重的统计策略．为此算法中设计使用五条规则．

Rule 1　模式挖掘时仅考虑具有类属性的闭合频繁模式．

Rule 2　Top-k 个模式选取时，k 的取值尽可能使 PS 中包含类属性的全部或绝大部分取值．

Rule 3　缺损值参与 SumWV 的统计．

Rule 4　当得到的最好的两个属性分裂准则值差异很小时（$<\varepsilon$），则选择权重之和大的属性（缺损值不参与统计）作为分裂节点．

Rule 5　若使用权重比较依然无法区别最优和次优的分裂属性，则任意选择其中一个作为分裂节点．

本节研究基于闭合模式的决策树分类算法 PatHT（pattern-based Hoeffding tree）．PatHT 算法主要包括闭合模式生成方法 CCFPM()、模式抽取方法 SamplingFP() 和决策树生成方法 HTreeGrow()，具体的实现步骤如下．

Step1：对每个新实例 T_{new}，使用算法 CCFPM(T_{new}) 更新模式集合（和使用算法 HTreeGrow(T_{new}) 生成决策树）．

Step2：如果处理的实例数量满足抽样步长 STEPM，则使用算法 SamplingFP (STEPM) 生成最新的模式集合 PatternSet$_{new}$，并对 PatternSet$_{new}$ 进行补充处理得到可以用于训练的模式集合 PatternSet$_{new}'$．

Step3：对每个模式 $P \in$ PatternSet$_{new}'$进行训练，使用算法 HTreeGrow(P) 生成决策树．

Step4：处理下一条新实例．

针对不同特征的数据流，本节设计两种使用模式的策略．针对高密度数据流，设计基于模式的分类决策树算法 PatHT1 使用 PS 作为训练实例，如算法 5.4 所示；针对低密度的数据流，算法 PatHT2 采用少量 top-k PS 与 DS 的组合集合作为训练实例，在算法 5.4 的第 4 步增加对新实例的训练即可．由于算法 HTreeGrow() 使用训练数据增量更新的生成决策树，它也是一种基于 Hoeffding 边界的衍生算法（见算法 5.5）．不同之处在于增加了实例的权重，为此：①统计信息时需要考虑权重值；②最佳分裂节点的选择时，会考虑频度相关的统计信息．

即相同分裂准则值时，采用权重之和作为二次选择的标准. 算法中使用 ADWIN 作为概念漂移估计器，函数 $G()$ 表示使用分裂准则得到的值；函数 MaxWeightAttr() 用于找到权重值高的属性.

算法 5.4　PatHT1 基于模式的 Hoeffding 树 1

输入：S 为数据流，δ 为选择正确分裂节点所需的概率，f 为衰减因子，ξ 为最大允许误差率，C 为约束条件，STEPM 为抽样步长

输出：HT 决策树

```
1.   Let HT be a tree with a single leaf (root)
2.   Initial counts WVᵢⱼₖ at root, N = 1
3.   For each example Tₙₑw in S Do
4.     Call CCFPM(Tₙₑw, N, f, ξ, C);
5.     If Sampling patterns
6.     Then call SamplingFP(STEPM)get novel set of patterns PSₙₑw;
7.       For each P in PSₙₑw Do
8.         HTreeGrow(P, HT, δ )
```

算法 5.5　HTreeGrow 创建 Hoeffding 树

输入：(x, y, weight) 为实例，HT 为决策树，δ 为选择正确分裂节点所需的概率

输出：HT 决策树

```
1.   Sort (x, y, weight)to leaf l using HT
2.   Update counts WVᵢⱼₖ with weight at leaf l
3.   Compute information gain G for each attribute from counts WVᵢⱼₖ
4.   If G(Best Attr. BA₁)-G(2nd best Attr. BA₂)> ε
5.   Then let BA₁ to be best attribute BA
6.   Else let best attribute BA = MaxWeightAttr(Best Attr., 2nd best
     Attr.)
7.   Split leaf l on BA
8.   For each branch Do
9.     Start new leaf l and initialize estimators ADWIN
10.    If ADWIN has detected change
11.    Then create a subtree st
12.    If no subtree Then st as a new subtree
13.    Else if st is more accurate
14.    Then replace current node with st
```

5.4　实验方式及其结果分析

本节介绍数据流分类算法的两种评估方法，接着介绍本节实验所用数据流以及算法的性能表现等.

5.4.1　学习评估方式

一个学习算法的评估方式决定了那些实例用于训练，那些实例用于测试. 数据流学习中常用的评估方式包括：

（1）Holdout. 当传统的批量学习遇到瓶颈，如交叉验证带来的时间消耗过大. 那么替代方式是采用一重验证. 即将原始数据分为训练和测试两部分，这样不同的算法可以直接进行性能比较.

（2）Interleaved Test-Then-Train，这是一种边训练边测试的方式. 即每个实例先用于模型测试，然后再用于模型训练. 这样可以得到增量更新的分类正确率. 这样做，模型总是对未知数据分类.

实验中将比较 PatHT 算法与贝叶斯分类算法 NaiveBayes（NB），规则分类算法 DTNB[116]、RuleClassifer（RC）[117]，决策树分类算法 VFDT、HAT、HOT、AdoHOT、ASHT. 本节实验中分类方式采用 Interleaved Test-Then-Train 评估方式（具体是 MOA 中的 EvaluatePrequential[118, 119]评估方式）来测试. 其中每个实例先作为测试数据而后作为训练数据. 这样得到的正确率是增量更新的，且不需要专门留出测试数据，从而保证最大化地利用每个数据的信息.

5.4.2　实验数据

实验中采用了 3 个模拟数据流 SEA、RBF、LED 和 1 个真实数据流 Poker-hand，具体信息如表 5-7 所示. 表中#C 表示类的取值个数，#A 表示属性的个数，#I 表示实例的个数，第 5 列表示数据流是否存在概念漂移，第 6 列用于表示数据流是否被离散化.

表 5-7　数据流

名称	#C	#A	#I	概念漂移	离散化
Pocker-hand	10	10	1×10^6	N	N
SEA	2	3	5×10^4	Y	Y
RBF0	2	10	1×10^6	no drift	Y
RBF1	2	10	1×10^6	drift 0.001	Y
LED0	10	24	1×10^6	no drift	N

续表

名称	#C	#A	#I	概念漂移	离散化
LED1	10	24	1×10^6	$W = 500$	N
LED2	10	24	1×10^6	$W = 2000$	N

(1)SEA．SEA 是数据流挖掘常用的模拟数据，它来源于 MOA[118]，包含了 3 个条件属性和 1 个类属性．3 个属性中只有前两个是有关联的，且 3 个属性的值都在 0～10．这个数据分为 4 块，每块有不同的概念．分类是通过 $f_1 + f_2 \leqslant \eta$ 完成的，其中 f_1 和 f_2 表示前两个属性，η 是阈值．数据块中最多的值是 9、8、7 和 9.5．SEA 是具有概念漂移特性的数据流．为了挖掘频繁模式，使用 Weka[①]中的 Discretize() 方法对其中的条件属性进行离散化．

(2)RBF．具有不同概念漂移特征的 RBF 数据由数据流生成器 generators. RandomRBF GeneratorDrift[118, 119]生成．分别生成包含 1000000 实例的两种特征数据，包括无概念漂移(no drift)的稳态数据流 RBF0 和漂移度为 0.001(drift 0.001) 的可变数据流 RBF1．

RBF 的两个类值分布几乎一样，很平均．但是属性值的分布满足高斯函数，集中分布在中间值附近，如图 5-8 所示．为了挖掘频繁模式，使用 Weka 中的 Discretize()方法对其中的条件属性进行离散化．

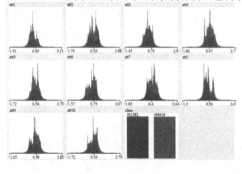 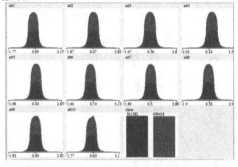

(a)无概念漂移　　　　　　　　　　　(b)漂移度0.001

图 5-8　RBF 属性与类值分布

(3)LED．LED 由 MOA 中数据流生成器 generators. LEDGenerator[118, 119]产生．LED 数据用于在一个 7 段 LED 显示器上预测显示的数字．包含 24 个二进制条件属性，每个属性有 10%的可能性会反转；包含 1 个类属性，有 10 个不同值．实验生成模拟数据流 LED 包含 1000000 条实例．实验生成的数据包含 24 个二进制属性，其中 17 个是无关的．

为了分析 PatHT 算法对概念漂移数据流的处理能力，生成的 LED 具有两种特

---

① http://www.cs.waikato.ac.nz/ml/weka/.

征：无概念漂移和有概念漂移. 设置概念漂移宽度 W(width of concept drift change) 使用的是 ConceptDriftStream 方法[118, 119]. 概念改变的宽度设置为小于和大于滑动窗口宽度.

(4) Poker-hand. 真实数据 Poker-hand 来自 UCI，包含 1000000 条实例，11 个条件属性和 1 个类属性. Poker-hand 数据中的每个实例是一手牌，分类属性用于描述 "Poker-hand"，包含 10 个取值，如表 5-8 中所示. 真实数据流的概念漂移特性不易发现.

表 5-8　数据流上得到的模式与实例的长度比和数量比

数据流	长度比	数量比
Poker-hand	1∶3.9	1∶3.3
SEA	1∶1.7	1∶17.5
RBF	1∶2.34	1∶1.57
LED	1∶3.5	1∶7.6

在 Poker-hand 的 10 个类取值中，第 1 个类值出现在约 50%的实例中，第 2 个类值出现在约 40%的实例中，其余的 8 个类值出现在不足 10%的实例中. 因此，它是一种不平衡数据.

5.4.3　实验表现

本节实验主要对不同数据流中得到的频繁模式结果集合进行分析比较，然后对 10 种算法训练模型的时间和内存消耗以及分类正确率进行比较.

1. 频繁模式挖掘分析

首先分析数据流中挖掘模式的相关信息. 第 3 章中实验验证了数据流频繁模式挖掘 CCFPM 中设定滑动窗口大小 $N = 1000$ 时，设定剪枝步长为 1000 是比较合理的. 这些参数的设置可以使算法 CCFPM 得到性能表现优于同类数据流频繁模式挖掘方法 MSW[59, 79]和 CloStream + [63].

为了说明模式变化的趋势，分别对 5 个窗口大小内的实例进行处理，标记为 5 个数据块：$\{B_1, B_2, B_3, B_4, B_5\}$. 然后对每个数据块进行挖掘生成闭合频繁模式集合，结果如图 5-9 所示. 设置相同的最小支持度的条件下，可以得出以下结论.

(1) 数据流 Poker-hand 得到的模式数量比较多，在 5 个数据块上得到的模式平均长度和最大频度相似，如图 5-9 所示. 得到模式长度为 2~4，平均长度为 2.83. 由于数据集合中实例长度为 11，因此，模式-实例长度比为 1∶3.9(2.83∶11). 每个数据块中挖掘的模式个数平均约为 300，模式-实例个数比为 1∶3.3(300∶1000).

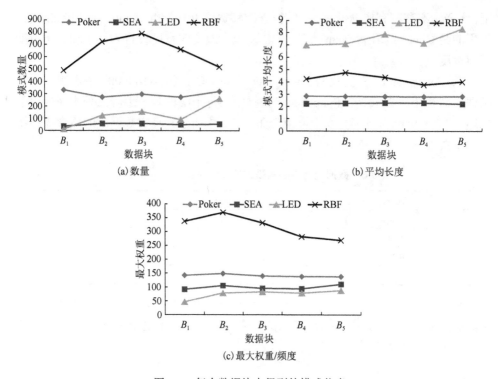

图 5-9　每个数据块中得到的模式信息

（2）可变数据流 SEA 得到的模式数量相比是最少的，如图 5-9 所示．数据块中挖掘的模式长度为 2～3，平均长度为 2.3．模式个数平均约为 57，模式-实例个数比为 1：17.5．即每个数据块中生成的模式数量与数据块中实例数相比是很少的．

（3）对 RBF 进行模式挖掘得到的模式数量、最大权重在不同数据块中变化是最明显的．这表明了数据的动态特性．得到的模式数量是最多的、权重是最大的，明显多于其他几个数据流，如图 5-9 所示．RBF 数据块中得到的模式平均长度为4.27，因此模式-实例长度比为 1：2.34．模式的平均个数为 635.4，模式-实例个数比为 1：1.57．图 5-10（a）显示了不同数据块中模式的分布，可以看出得到的模式最多的是 3、4 和 5 三个长度．

（4）当概念改变宽度 W 设置为 500 时，LED 的模式数量在不同数据块中表现的差异较大，如图 5-9（a）所示．模式的数量、长度和权重等信息相比 Poker-hand与 SEA 变化比较明显．原因除了数据本身的特征，还在于设置的概念改变宽度是小于滑动窗口大小的，滑动窗口不能很好地解决概念变化问题．LED 数据块中得到的模式平均长度为 7.46，因此模式-实例长度比为 1：3.5．模式的平均个数为131，模式-实例个数比为 1：7.6．

（5）当 $W <$ SW 时，数据流 LED 中得到的模式长度分布情况如图 5-10（b）所示，

可以看出得到的模式最多的是 7、8 和 9 三个长度．其中 B_5 和 B_1 中得到的模式分布完全不同．B_5 和 B_3 中得到的模式数量多于其他三个数据块，B_4 和 B_2 得到的模式数量居中，B_1 中的数量最少．总之，模式分布在不同的数据块中变化很大．

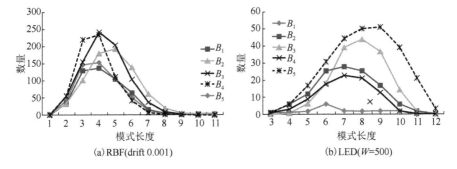

(a) RBF(drift 0.001)　　　　　　　(b) LED(W=500)

图 5-10　数据流 RBF 和 LED 中得到的不同长度模式分布

(6) 表 5-8 是 4 种不同特征数据流上得到的模式-实例信息比．相比而言，RBF 得到的模式数量最多，SEA 中模式数量最少．对比与原始的实例长度，LED、Poker-hand 生成的模式长度相对较短，SEA 与 RBF 中得到的模式长度相对较长．

2. 对模拟数据流分类得到的算法性能比较．

具有概念漂移特征的数据流 SEA，其概念改变宽度不明确．多个算法对其进行分类处理得到的正确率如表 5-9 所示．由于 SEA 具有概念漂移特性且得到的模式频度较低，因此仅采用模式集合作为训练集合得到的数据分类效果很差．为此，仅对 PatHT2（简记为 PatHT）算法进行比较．从表中可以看出，PatHT 算法相比较其他方法得到的正确率有一定的提高．提高程度不高的原因在于得到的是短模式且数量较少．

表 5-9　算法在 SEA 与 RBF 上的性能

	SEA			RBF					
	drift			No drift			drift 0.001		
	时间/s	正确率/%	内存/MB	时间/s	正确率/%	内存/MB	时间/s	正确率/%	内存/MB
NB	**1.01**	82.80	**0.76**	**13.40**	72.90	**0.58**	**13.60**	49.30	**0.58**
RC	2.29	85.65	29.76	1820	83.19	8.42	9690	52.60	2.78
VFDT	36.64	82.50	4.98	18.53	91.60	8.48	20.67	53.70	6.13
HAT	1.47	86.30	0.99	68.00	92.40	10.77	36.79	67.70	3.08
HOT5	2.62	90.40	0.99	40.59	91.90	12.04	34.96	54.80	10.67
HOT50	2.39	86.00	2.10	87.00	92.00	23.68	82.00	60.90	15.89

续表

	SEA			RBF					
	drift			No drift			drift 0.001		
	时间/s	正确率/%	内存/MB	时间/s	正确率/%	内存/MB	时间/s	正确率/%	内存/MB
AdoHOT5	2.38	86.00	2.10	40.09	92.30	11.91	29.76	59.60	10.71
AdoHOT50	2.34	86.01	2.11	89.00	92.10	20.43	80.00	69.6	18.89
ASHT	2.33	86.01	2.12	18.64	91.60	8.43	18.05	69.70	8.42
PatHT	8.47	**91.70**	1.01	350	**97.70**	11.61	150.70	**72.80**	2.45

接着比较模拟数据流 RBF，对稳态 (no drift) 和动态 RBF (drift 0.001) 进行分类处理，得到的结果如表 5-9 所示. 从表中分析，本节提出的 PatHT 算法的正确率在不同特征的 RBF 上是最优的. 相比较而言，与已有方式相比在稳态 RBF 上提高的正确率较明显. 时间和内存的消耗与已有方式 (除了 RC 算法) 相比，时间消耗会明显增加，内存消耗增加不明显.

最后比较模拟数据流 LED. 使用三类具有不同概念改变宽度的数据集合，特征是：无概念漂移、概念漂移宽度 $W = 500$ (小于窗口宽度) 和 $W = 2000$ (大于窗口宽度). 算法在 LED 上进行分类得到的正确率如表 5-10 所示，可以看出 PatHT 得到的正确率相比较其他算法有一定的增加. 但在 $W = 500$ 时表现稍差，这是因为概念改变的宽度小于滑动窗口的宽度，得到的模式信息分布变化很大.

表 5-10　比较 LED 的正确率

	LED								
	No drift			$W = 500$			$W = 2000$		
	时间/s	正确率/%	内存/MB	时间/s	正确率/%	内存/MB	时间/s	正确率/%	内存/MB
NB	**24.23**	73.30	3.51	**25.70**	73.40	5.83	**22.21**	73.81	5.79
RC	1438	51.80	4.03	1442	52.60	4.00	1444.1	52.80	4.60
VFDT	30.25	72.80	**2.04**	32.27	72.90	**1.47**	30.25	73.30	**1.47**
HAT	61.00	73.20	5.94	78.60	**73.90**	3.09	62.89	74.12	4.02
HOT5	97.00	72.80	5.73	105.10	72.80	4.71	101.10	73.30	6.00
HOT50	99.00	72.80	5.64	106.60	72.80	4.72	101.54	73.30	6.06
AdoHOT5	101.00	72.82	5.73	96.50	72.92	4.81	83.60	73.31	3.83
AdoHOT50	103.00	72.82	5.73	97.00	72.92	4.82	85.00	73.31	3.83
ASHT	31.57	72.81	2.13	31.57	72.90	1.56	29.91	73.31	2.43
PatHT	35.84	**73.97**	5.80	32.20	72.20	3.30	35.11	**75.2**	7.22

3. 在真实数据流上分类性能比较

比较多种算法在真实数据流 Poker-hand 上的分类正确率. 本组实验采用两类 PatHT 算法, PatHT1 仅采用模式集做训练实例, 采用的模式数量大约是实例数量的 30%. 算法 PatHT2 采用模式集与原始数据集的组合集合做训练实例, 采用的模式数量大约是实例数量的 20%. 由于 DTNB 运行速度相比较而言非常慢, 因此仅对 50000 条实例进行分析.

PatHT1 得到的分类正确率明显优于 NB、DTNB 和 RC, 与其他决策树分类算法得到的正确率几乎一致, 如表 5-11 所示. RC 算法的时间消耗最多, PatHT1 消耗的时间最少, 大约比其余算法的平均时间减少了 80%. 这是由于参与训练决策树的模式数量很少. 但是额外的时间消耗会出现在生成频繁模式的过程中. 使 PatHT1 消耗时间的优势会减小一些.

表 5-11　算法在 Poker-hand 上的性能

	Poker-hand					
	#I = 50000			#I = 1000000		
	时间/s	正确率/%	内存/MB	时间/s	正确率/%	内存/MB
NB	1.87	51.40	**0.76**	**14.65**	46.20	**2.59**
DTNB	250	60.85	83.89	—	—	—
RC	36.00	51.40	2.10	365.00	56.70	4.23
VFDT	2.22	63.60	1.20	20.26	79.70	3.39
HAT	3.48	65.20	1.00	41.81	77.40	3.40
HOT5	2.89	62.30	1.33	39.26	79.70	3.50
HOT50	2.89	62.30	1.33	36.11	79.70	3.52
AdoHOT5	2.98	62.30	1.34	36.32	79.71	3.36
AdoHOT50	2.98	62.30	1.34	35.86	79.71	3.40
ASHT	2.23	63.60	1.07	20.14	79.8	14.06
PatHT1	**0.53**	63.80	0.90	—	—	—
PatHT2	3.01	**73.3**	1.45	48.3	**87.8**	3.42

PatHT2 采用的是模式与原始数据同时做训练数据的方式. 从表 5-11 中可以看出, 它消耗的时间和内存与其他算法相比没有明显的增加, 但是正确率提高了约 20%. 消耗无明显增加是由于取 top-k 个模式, 模式-实例个数比大约为 1 : 5, 没有明显增加训练消耗. 但是由于需要生成模式, 因此时间和内存消耗会有一定的增加.

图 5-11 (a) 是 PatHT 算法与两种规则分类方法 DTNB 和 RC 的比较. 可以分析出 PatHT1 算法在保证正确率不降低的同时明显减少了时间消耗, 而 PatHT2 明

显提高了正确率，且使用的时间和内存消耗相比规则分类而言很少．图 5-11(b) 是 PatHT 算法与 NB 和两种决策树分类方法 VFDT 与 ASHT 的比较．可以看出 PatHT 算法可以明显地增加分类正确率．相比而言时间消耗会明显增加．

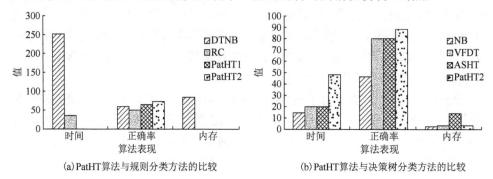

(a) PatHT 算法与规则分类方法的比较　　　　(b) PatHT 算法与决策树分类方法的比较

图 5-11　PatHT 算法与已有分类方法的比较

综合上述实验可以得出以下结论．

(1) 针对生成模式频度较高、模式长度较长的稳态数据流，PatHT 对其进行处理可以明显提高分类的正确率．

(2) 针对具有模式频度较高、模式长度较长特征的稳态数据流，如真实数据流 Poker-hand，PatHT1 算法对其进行处理时可以得到与已有算法相似的正确率且可以节省大量的时间消耗．

(3) 针对不同概念改变特征的动态数据流，PatHT 算法对其进行处理时正确率也会增加．但是概念改变宽度较小时(小于窗口宽度)，得到的算法正确率可能会降低．

(4) 由于需要使用模式，因此 PatHT 算法生成决策树时会额外地增加时间和内存消耗．由于使用的是高频度的模式，生成的分类模型更加紧凑，因此消耗的内存相比经典算法会有一定程度的降低．

5.5　案 例 分 析

本节首先介绍航空数据与待解决的三个问题，然后介绍航空数据的预处理过程，接着介绍采用基于约束闭合模式生成关联规则和决策树解决实际航班延误问题的过程．最后给出实验验证基于约束闭合模式的决策树分类算法的优势．

5.5.1　航空数据与待解决问题

本节针对真实航空数据 airline 进行分析，挖掘满足用户约束的闭合模式，并应用这些模式解决实际问题. airline[①]数据用于说明航空服务正常表现，包括 1987～2008 年美国所有商业航班的航班到达和离开的详细信息. 这是一个大的数据集，包含大概 120000000 的记录，每条记录包含 29 个属性，如表 5-12 所示.

表 5-12　airline 数据属性描述

编号	属性名称	描述
A_0	Year	1987～2008
A_1	Month	1～12
A_2	DayOfMonth	1～31
A_3	DayOfWeek	1（星期一）～7（星期日）
A_4	DepTime	实际出发时间(当地时间：HHMM)
A_5	CRSDepTime	预定的出发时间(当地时间：HHMM)
A_6	ArrTime	实际到达时间(当地时间：HHMM)
A_7	CRSArrTime	预定到达时间(当地时间：HHMM)
A_8	UniqueCarrier	独特的载波码，可以用于分析飞机运营的年限
A_9	FlightNum	航班号
A_{10}	TailNum	飞机尾号
A_{11}	ActualElapsedTime	飞行经过的时间，单位是分
A_{12}	CRSElapsedTime	预定飞行经过时间，单位是分
A_{13}	AirTime	飞行时间，单位是分
A_{14}	ArrDelay	到达延误，单位是分
A_{15}	DepDelay	出发延误，单位是分
A_{16}	Origin	起飞的国际机场代码
A_{17}	Dest	目的地国际机场代码
A_{18}	Distance	飞行距离
A_{19}	TaxiIn	出租车进入时间，单位是分
A_{20}	TaxiOut	出租车出来的时间，单位是分
A_{21}	Cancelled	航班被取消了吗？1：取消了；0：未取消
A_{22}	CancellationCode	航班取消的理由，A：载体；B：天气；C：NAS；D：安全
A_{23}	Diverted	转移、分流、改道？1 = yes, 0 = no
A_{24}	CarrierDelay	由载体导致的延误
A_{25}	WeatherDelay	由天气导致的延误
A_{26}	Attribute Name	描述
A_{27}	NASDelay	由国家航空系统导致的延误
A_{28}	SecurityDelay	由安全导致的延误
A_{29}	LateAircraftDelay	由飞机晚点导致的延误

　　本节主要对 2008 年的数据做处理分析，大约包含 20000000 条实例. 提供该

① http://stat-computing.org/dataexpo/2009/the-data.html.

数据的目的是解决航空延误的一些问题，本节目标是解决其中的三个问题.

问题 1：一天中哪个时刻，一周中哪一天容易发生飞机延误？

问题 2：老飞机会带来更多的延误吗？

问题 3：能预测飞机的延误吗？

5.5.2　数据预处理

本节对航空数据流 airline 进行处理，关注与延误有关的信息，最终目标是实现航班延误预测. 主要的预处理过程包括三步：一是调整属性；二是离散化；三是数据抽样.

第一步，调整属性. 为了解决航班延误预测问题，增加分类属性 Delayed. 它包括三个值：A 表示航班准点(normal)，B 表示航班延误(delay)，C 表示航班取消(cancell). 其中当属性 ArrDelay 和 DepDelay 的取值为正数时，则表示航班延误；属性 Cancelled 的取值为 1 时，表示航班取消；其他情况表示任务航班准点. 为了更好地针对 3 个问题进行分析，对表 5-12 中的属性进行调整，保留与相关问题有关的属性如表 5-13 所示，最终使用 24 个条件属性和 1 个类属性.

第二步，离散化. 为了挖掘频繁模式，对 airline 数据做离散化. airline 数据中时间属性比较多，本节按照时间的分布，对不同的时间分布进行了不同的分段离散化. 离散化信息如表 5-13 最后一列所示.

第三步，抽样. 为了对每个月的频繁模式分别进行分析，对原始数据进行采样. 对 2008 年每个月的数据分别做 7K 和 30K 的数据抽样. 前者得到的数据集合称为 airline1，后者得到的数据集合称为 airline2，信息如表 5-14 所示.

表 5-13　airline 数据离散化

编号	属性	#A	缺损	离散化	值
A_0	Month	12	N	N	1～12
A_1	DayOfMonth	31	N	N	1～31
A_2	DayOfWeek	7	N	N	1～7
A_3	DepTime	4	Y	Y	分为 4 个时段： 0:00～6:00, 6:01～12:00, 12:01～18:00, 18:01～23:59
A_4	CRSDepTime	4	Y	Y	分为 4 个时段： 0:00～6:00, 6:01～12:00, 12:01～18:00, 18:01～23:59
A_5	ArrTime	4	Y	Y	分为 4 个时段： 0:00～6:00, 6:01～12:00, 12:01～18:00, 18:01～23:59
A_6	CRSArrTime	4	N	Y	分为 4 个时段： 0:00～6:00, 6:01～12:00, 12:01～18:00, 18:01～23:59
A_7	UniqueCarrier	20	N	N	9E,AA,AQ,AS,B6,CO,DL,EV,F9,FL,HA,MQ,NW, OH,OO,UA,US,WN,XE,YV

续表

编号	属性	#A	缺损	离散化	值
A_8	ActualElapsedTime	6	Y	Y	分 6 个时段: 0～60, 61～120, 121～180, 181～240, 241～300, >300
A_9	CRSElapsedTime	6	Y	Y	分 6 个时段: 0～60, 61～120, 121～180, 181～240, 241～300, >300
A_0	AirTime	6	Y	Y	分 6 个时段: 0～60, 61～120, 121～180, 181～240, 241～300, >300
A_{11}	ArrDelay	8	Y	Y	分 7 个时段: <−60, −59～−30, −29～0, 0～30, 31～60, 61～90, >90
A_{12}	DepDelay	8	Y	Y	分 7 个时段: <−60, −59～−30, −29～0, 0～30, 31～60, 61～90, >90
A_{13}	Distance	6	N	Y	分为 6 个距离段: 1～500, 501～1000, 1001～1500, 1501～2000, 2001～2500, >2500
A_{14}	TaxiIn	5	Y	Y	分为 5 个时间段: 0～5, 6～10, 11～15, 16～20, >20
A_{15}	TaxiOut	9	Y	Y	分为 9 个时间段: 0～10, 11～20, 21～30, 31～40, 41～50, 51～60, 61～70, 71～80, >80
A_{16}	Cancelled	2	N	N	0, 1
A_{17}	CancellationCode	4	Y	N	A, B, C, D
A_{18}	Diverted	2	N	N	0, 1
A_{19}	CarrierDelay	14	Y	Y	分 14 个时段: 0, 1～10, 11～20, 21～30, 31～40, 41～50, 51～60, 61～70, 71～80, 81～90, 91～100, 101～110, 111～120, >120
A_{20}	WeatherDelay	14	Y	Y	分 14 个时段: 0, 1～10, 11～20, 21～30, 31～40, 41～50, 51～60, 61～70, 71～80, 81～90, 91～100, 101～110, 111～120, >120
A_{21}	NASDelay	14	Y	Y	分 14 个时段: 0, 1～10, 11～20, 21～30, 31～40, 41～50, 51～60, 61～70, 71～80, 81～90, 91～100, 101～110, 111～120, >120
A_{22}	SecurityDelay	14	Y	Y	分 14 个时段: 0, 1～10, 11～20, 21～30, 31～40, 41～50, 51～60, 61～70, 71～80, 81～90, 91～100, 101～110, 111～120, >120
A_{23}	LateAircraftDelay	14	Y	Y	分 14 个时段: 0, 1～10, 11～20, 21～30, 31～40, 41～50, 51～60, 61～70, 71～80, 81～90, 91～100, 101～110, 111～120, >120
C	Delayed	3	N	N	A, B, C

表 5-14　　airline 数据抽样得到的集合

数据集	#I	#A	#C	缺损
airline1	84000	25	3	Y
airline2	366000	25	3	Y

5.5.3　关联规则设计与应用分析

　　关联规则可以解释出数据集的不同规律，可以用于预测不同的事务．因为从一个很小的数据集上能够产生很多不同的规则，因此研究者关注那些能够应用在实例数量大，并且能在实例上获得较高正确率的关联规则．关联规则有两个参数，实例的数量采用支持度(support)表示，正确率采用置信度(confidence)表示．如果关联规则 R: $X \rightarrow C_{id}$ [support, confidence]，则其支持度和置信度可由式(5-7)得到．其中函数 count(X, C_{id}) 表示数据集中同时包含属性 X 和类值 C_{id} 的实例个数，N 表示最新的实例数．

$$\text{support}(X, C_{id}) = \frac{\text{count}(X, C_{id})}{N}, \quad \text{confidence}(X, C_{id}) = \frac{\text{count}(X, C_{id})}{\text{count}(X)} \quad (5-7)$$

　　书中为了使用约束模式解决航班延误问题，使用的规则也是具有约束的．给定规则 $X \rightarrow Y$ 满足下列两个约束．

　　(1) Start-RuleConstraint：X 包含模式中某些条件属性或属性的取值．

　　(2) End-RuleConstraint：Y 包含模式中的类属性．

　　这样产生的满足约束的规则可以用于处理实际问题，同时可以减少规则产生的数量．

　　示例 5.5　以表 5-2 中产生的约束模式为例．则满足 ConstraintA 约束的模式可以生成多条规则，其中的两条如 R1 和 R2 所示．这些规则是满足 Start-RuleConstraint 和 End-RuleConstraint 约束的，即后件 Y 中必须包含类属性值，前件 X 包含满足 ConstraintA 的条件属性．由于 ConstraintA 未对条件属性做限制，所以包含了全部模式中的属性．另外，以满足 ConstraintE 约束的模式为例，可以生成的规则如 R3 所示．即前件 X 包含属性 A_1，后件 Y 中包含类属性值．假设规则需满足的最小支持度设置为 30%，最小置信度设置为 70%，则规则 R1 和 R3 是满足要求的．其中规则 R1 意味着当属性 A_1 取值为 a1，属性 A_3 取值为 c1 时，类属性 C 为 yes 是满足支持度 35.7%，置信度 100% 的．

　　R1: A_1 = a1, A_3 = c1 $\rightarrow$ C = yes [35.7%, 100%]

　　R2: A_1 = a1, A_3 = c1, A_4 = d1 $\rightarrow$ C = yes [14.3%, 100%]

　　R3: A_1 = a1 $\rightarrow$ C = yes [35.7%, 71.4%]

　　本节采用约束频繁模式生成约束关联解决问题 1 和问题 2．具体而言，为了解决每天中哪个时间最易出现航班延误,需要挖掘满足约束 Constraint2 的模式. 为了挖掘每周的那天最容易出现航班延误, 需要挖掘满足约束 Constraint3 的频繁模式. 为了发现那些航班容易发生延误, 挖掘的模式需要满足约束 Constraint4. 设定的 4 个约束如 Constraint1~Constraint4 所示, 其中 Constraint1 表示挖掘的频繁模式是闭合的且包含类属性值 B; Constraint2 表示挖掘的频繁模式是闭合的且包含类属性值 B 和条件属性 CRSDepTime; Constraint3 表示挖掘的频繁模式是闭合的且包含类属性值 B 和条件属性 DayOfWeek; Constraint3 表示挖掘的频繁模式是闭合的且包含类属性值 B 和条件属性 UniqueCarrier.

约束 Constraint1: 对任意一个频繁项集 P, 如果它是闭合的, 且包含类属性值 B, 则称其满足约束 Constraint1. 即 Constraint1$(P) \equiv$ Closed$(P) \wedge P$.Delayed = {B}.

约束 Constraint2: 对任意一个频繁项集 P, 如果它是闭合的, 且包含类属性值 B 与条件属性 CRSDepTime, 则称其满足约束 Constraint2. 即 Constraint2$(P) \equiv P$.CRSDepTime $\wedge$ Constraint1(P) = true.

约束 Constraint3: 对任意一个频繁项集 P, 如果它是闭合的, 且包含类属性值 B 与条件属性 DayOfWeek, 则称其满足约束 Constraint3. 即 Constraint3$(P) \equiv P$.DayOfWeek $\wedge$ Constraint1(P) = true.

约束 Constraint4: 对任意一个频繁项集 P, 如果它是闭合的, 且包含类属性值 B 与条件属性 UniqueCarrier, 则称其满足约束 Constraint3. 即 Constraint4$(P) \equiv P$.UniqueCarrier $\wedge$ Constraint1(P) = true.

以上的 4 条约束满足反单调性, 即当频繁项集 Itemset1 不满足约束时, 其父项集也不满足该约束. 如令 Itemset1 = <0:00~6:00, A>不满足 Constraint1, 则其任意父项集 Itemset2 = <x, 0:00~6:00, y, A >也一定不满足 Constraint1. 其中 x, y 为其他属性取值的组合, 且 x 与 y 不同时为空.

本节以 1 月份与 7 月份的数据为例, 分析问题 1 与问题 2 的解决过程. 首先对 airline1 数据集中的 1 月和 7 月份进行约束闭合频繁模式挖掘, 挖掘的频繁模式 P 满足约束条件 Constraint2(P) = true. 取每个月的 top-5 模式, 得到的结果如表 5-15 和表 5-16 所示. 满足 Constraint3(P) 的 top-5 模式如表 5-17 所示. 对 airline2 数据集进行分析, 会得出相同的结论. 因此, 本节仅对 airline1 的挖掘结果进行分析, 为了简单, 设置衰减因子值为 1, 即挖掘每个月完整约束闭合模式集合.

表 5-15　满足约束 Constraint2 的 1 月 top-5 模式

属性	P1	P2	P3	P4	P5
Month	1	1	1	1	1
DepTime			12:01~18:00	12:01~18:00	
CRSDepTime	12:01~18:00	12:01~18:00	12:01~18:00	12:01~18:00	6:01~12:01

属性	P1	P2	P3	P4	P5
Cancelled	0	0	0	0	0
Diverted		0		0	
Delayed	B	B	B	B	B
Frequency	2190	2188	1952	1950	1688

表 5-16　满足约束 Constraint2 的 7 月 top-5 模式

属性	P6	P7	P8	P9	P10
Month	7	7	7	7	7
DepTime			12:01~18:00		
CRSDepTime	12:01~18:00	12:01~18:00	12:01~18:00	12:01~18:00	12:01~18:00
Cancelled	0	0	0	0	0
Diverted	0				0
Delayed	B	B	B	B	B
Frequency	1388	1396	1281	1397	1389

表 5-17　满足约束 Constraint3 的 1 月和 7 月 top-5 模式

属性	P1	P2	P3	P4	P5	P6	P7	P8	P9	P10
Month	1	1	1	1	1	7	7	7	7	7
DayOfMonth	3	3	3	3	3	3	3	3	3	3
DayOfWeek	4	4	4	4	4	4	4	4	4	4
UniqueCarrier	WN	WN	WN	WN	WN	WN	WN	WN	WN	WN
CRSElapsedTime				60~120						
Distance				1~500						1~500
TaxiIn		0~5						0~5	0~5	
TaxiOut			0~10			0~10			0~10	
Cancelled	0	0	0	0	0	0	0	0	0	0
Diverted	0	0	0	0	0	0	0	0	0	0
Delayed	B	B	B	B	B	B	B	B	B	B
Frequency	910	676	476	1950	1688	221	346	285	186	213

从表 5-15～表 5-17 中可以得出以下 5 条结论.

(1)每天预定 12:01~18:00 起飞的航班容易发生延误. 从 1 月和 7 月的 top-5 模式可以很容易得出这个结论. 接着采用关联规则进行验证. 为了分析每天哪个时段容易发生航班延误, 按月分别生成关联规则, 这些规则都是满足 Start-RuleConstraint 和 End-RuleConstraint 约束的, 如 R1~R8 所示. 取最小支持度为 20%, 最小置信度为 60%, 可以得出在 1 月满足约束的规则是 R2 和 R3. 其中 R3 的表现最好，即预定在 12:01~18:00 起飞的航班容易发生延误．在 7 月 R7 的表现最好，同样说明了在 12:01~18:00 起飞的航班容易发生延误．

① 1 月份得出的关联规则如下．

R1: Month = 1, CRSDepTime = 0:01~6:00 → Delayed = B [0.43%, 57.69%]

R2: Month = 1, CRSDepTime = 6:01~12:00 → Delayed = B [24.1%, 60.99%]

R3: Month = 1, CRSDepTime = 12:01~18:00 → Delayed = B [31.29%, 78.92%]

R4: Month = 1, CRSDepTime = 18:01~24:00 → Delayed = B [16.07%, 80.01%]

② 7 月份得出的关联规则如下．

R5: Month = 7, CRSDepTime = 0:01~6:00 → Delayed = B [0.2%, 28%]

R6: Month = 7, CRSDepTime = 6:01~12:00 → Delayed = B [15.51%, 49.59%]

R7: Month = 7, CRSDepTime = 12:01~18:00 → Delayed = B [19.94%, 52.03%]

R8: Month = 7, CRSDepTime = 18:01~24:00 → Delayed = B [11.8%, 60.87%]

(2) 每周的周四是容易出现航班延误的．取最小支持度为 10%，最小置信度为 80%，按照同上的方式生成关联规则．取每个月表现最好的两个规则，可以得到 R9~R12．满足最小支持度和最小置信度的规则是 R9，即相比较而言周四是容易出现航班延误的．

R9: Month = 1, DayOfWeek = 4 → Delayed = B [13%, 91%]

R10: Month = 1, DayOfWeek = 5 → Delayed = B [9.8%, 68.6%]

R11: Month = 7, DayOfWeek = 4 → Delayed = B [6.76%, 47.3%]

R12: Month = 7, DayOfWeek = 3 → Delayed = B [6.66%, 46.6%]

(3) 不能得出老飞机容易出现航班延误的结论．载波号为 WN(Southwest Airlines Co.，1967 年成立，1971 年开始运营)的飞机容易出现航班延误．取每个月表现最好的规则如 R13 和 R14 所示．由于 WN 成立的时间在 20 个航空公司里，不是最早的．所以不能得出老飞机容易出现航班延误的结论．

R13: Month = 1, UniqueCarrier = WN → Delayed = B [51.21%, 71.71%]

R14: Month = 7, UniqueCarrier = WN → Delayed = B [39.4%, 48.59%]

(4) 对满足约束 4 的频繁模式进行分析也可以得出与结论 3 相同的结论．

(5) 除此之外，还可以得出飞机时间在 60~120min，飞行距离在 500 英里(1 英里 = 1.609km)以内的航班容易发生延误等．

5.5.4　分类结果分析

首先分析原始数据特性．图 5-12(a)是每个月得到的不同类值分布，从中看出前半年航班延误的实例较多，后半年航班正常的较多．采用常用的数据流分类方式：贝叶斯分类算法 NaiveBayes(NB)，决策树分类算法 HT、HAT、HOT、AdaHOT 和 ASHT；规则分类算法 RuleClassifier(RC)[117]对 airline 数据流进行分类．得到的每个类标的分类正确率与误分率如表 5-18 所示，对 airline2 进行分类得到的结论非常相似. 其中正确率表示，预测类标与实际类标相同；误分类表示预测类标与实际类标不同，即将 normal 分为 delay 或将 delay 分为 normal 的概率. 从两个表 5-18 中可以分析出，NB 得到的分类正确率与误分率在属性 normal 与 delay 上比较均衡. HT 与 ASHT 算法将几乎所有实例预测为 delay，即有关 delay 的正确率为 99.9%，但是 normal 的误分率为 99.99%；HAT 将超过 80% 的 delay 实例预测为 normal；而 HOT 与 AdaHOT 则将 98% 以上的 delay 实例都错误预测为 normal.

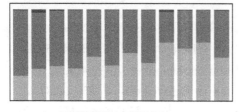 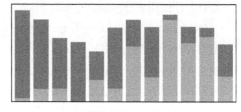

| (a)原始数据对应的类分布 | (b)模式对应的类分布 |

图 5-12　数据流 airline1 上的原始数据与模式数据对应的类分布

由左至右是 1 月份至 12 月份. 其中中间层深灰色为延误航班，底层浅灰色为正常航班，顶层黑色为取消航班. 图 (a) 中包含延误、正常和取消航班. 图 (b) 中只有延误和正常航班

表 5-18　airline1 上分类正确率与误分率（100%）（A 表示 normal，B 表示 delay）

算法	实验类值	真实类值 A	真实类值 B
NB	A	55.82	32.45
	B	44.18	67.55
RC	A	54.80	35.20
	B	45.20	64.80
HT	A	0.00	0.01
	B	100.00	99.99
HAT	A	87.37	80.60
	B	12.63	19.40
HOT5	A	99.84	98.68
	B	0.16	1.32
AdaHOT5	A	99.84	98.68
	B	0.16	1.32
ASHT	A	0.00	0.01
	B	100.00	99.99

这些算法得到的分类正确率虽然集中在 50% 左右，但得到的分类效果完全相反. 本节关注如何提高航班延误的预测率，同时降低正常航班的误分率. 本节设计的 PatHT 算法可以满足这些要求.

接着分析在 airline1 和 airline2 中每个月挖掘模式的特点. 采用 PatHT 对数据流 airline1 与 airline2 进行处理. 设置参数: 最大允许误差为 0.1×0.05, 按月份抽取模式, 约束条件为 Constraint1. 设置最小支持频度 $\eta = 10$、20 和 30 时得到的闭合频繁模式集合如表 5-19、图 5-13 与图 5-14 所示. 在相同的最小支持频度设置下, 可以分析出不同月份之间得到的模式数量、最大频度、平均模式长度差距较大. 例如, 当 $\eta = 10$ 时, airline1 中 8 月份得到的模式数量为 11907 条, 而 10 月份仅有 3261 条; 得到的模式最高频度为 1 月份中的 50.58, 而最低频度是 5 月份中的 24.49; airline2 中得到的 6 月份平均模式长度为 13.75, 而 9 月份的长度仅有 6.81. 在 airline1 取 top-150 的模式集合对应的类分布前半年多数类值为 B(delay), 后半年多数为 A(normal), 如图 5-12(b) 所示. 在 airline2 上得到的模式分布信息与 airline1 上的相似, 这也说明了 airline 数据流中数据分布是变化的.

表 5-19　在 airline1 上得到的不同月份模式信息 $(\eta = 10)$

月份	airline1		airline2	
	平均长度	最大频度	平均长度	最大频度
1	7.33	50.58	8.94	35.75
2	7.40	30.27	9.27	30.69
3	7.00	28.07	8.74	27.03
4	7.11	45.01	8.89	27.48
5	6.94	24.49	8.68	27.12
6	6.83	39.71	13.75	28.39
7	7.18	27.26	9.14	27.27
8	7.51	28.32	9.35	28.39
9	7.16	40.23	6.81	28.11
10	6.75	28.89	8.54	25.84
11	6.94	27.34	8.59	24.07
12	7.08	32.38	8.77	32.38

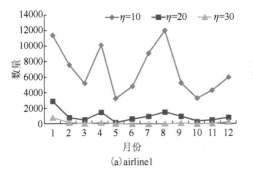
(a) airline1

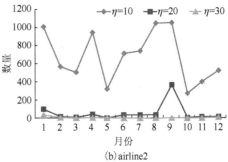
(b) airline2

图 5-13　在数据流 airline 上得到的不同频度模式的数量分布

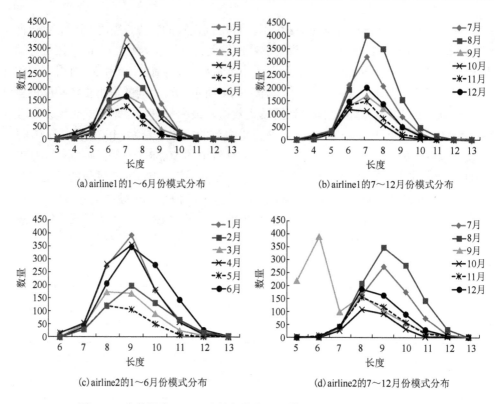

图 5-14　在数据流 airline 上挖掘的各月份模式长度数量分布($\eta = 10$)

最后,比较多个算法处理 airline 数据流得到的航班延误分类的性能. 图 5-15 是不同算法在每个月份上得到的正确率. 可以看出,PatHT 算法相比较其他算法可以得到较高的正确率. 付出的代价是时间和内存的增加,这是因为挖掘了模式的过程会增加消耗. 由于 HOT5 与 AdaHOT5,HT 与 ASHT 表现相似,因此取算法 NB、RC、HT、HAT、AdaHOT5(图 5-16 中显示为 AHOT)、ASHT 和 PatHT 进行比较. 表 5-20 是多个算法在航空数据流上得到的性能比较. 图 5-16 是不同算法得到的类值分别为 normal 与 delay 的正确率比较,可以看出 PatHT 算法得到的不同类值的正确率是比较均衡的,大约都是 70%. 其余算法得到的正确率是不平衡的,甚至出现了极端,如 HT 对类值为 normal 的实例分类得到的正确率接近 0%,对类值为 delay 的实例分类正确率接近 100%. 这表明该算法把所有的实例都预测为了航班延误. 而 HOT 算法则将所有实例都预测为了正常航班,完全预测不到航班延误. 这些结果都是用户无法接受的.

综合上述实验可以得出以下结论.

(1)使用约束可以挖掘出满足用户需求的有趣模式,且可以减少模式集合的数量.

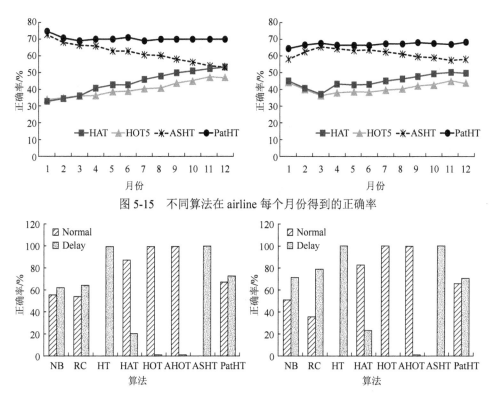

图 5-15　不同算法在 airline 每个月份得到的正确率

图 5-16　不同算法对 airline 分类得到的 normal 与 delay 正确率

表 5-20　算法性能比较

	airline1			airline2		
	正确率/%	时间/s	内存/MB	正确率/%	时间/s	内存/MB
NB	60.89	1.58	**2.77**	62.91	5.82	1.18
RC	60.38	1.33	4.26	60.33	17.28	1.50
HT	53.76	1.11	2.81	57.53	3.87	**0.46**
HAT	53.07	2.70	3.46	49.51	8.46	3.80
HOT5	46.79	1.84	4.18	43.57	6.26	1.28
AdaHOT5	46.79	1.84	4.19	43.57	6.27	1.29
ASHT	53.76	**1.03**	2.82	57.53	**3.81**	4.60
PatHT	**69.39**	5.95	4.86	**67.84**	12.26	7.82

(2) 基于约束闭合模式可以生成约束关联规则用于处理实际问题, 且可以减少规则的数量.

(3) 基于约束闭合模式的决策树分类算法 PatHT 可以提高航班延误分类正确率. 且得到的不同类值的分类正确率是比较均衡的.

5.6　本 章 小 结

　　常用的数据流分类流程为输入数据-训练数据-生成分类模型. 这些训练实例集合中可能存有大量无用信息或噪声. 因此本章提出一种新的分类流程: 输入-模式-训练-模型, 即在数据用于训练之前先进行模式挖掘. 对每个实例进行增量更新的模式挖掘, 挖掘具有约束的闭合频繁模式. 针对不同的数据流特征, 这些模式集合会以独立或组合的方式参与分类决策树模型的训练. 从大量的实验结果分析可以得出, 在真实数据流和不同概念改变特征的模拟数据流上, 使用基于模式的分类决策树可以有效地提高分类的正确率或明显降低训练时间.

　　采用经典数据流分类算法对真实 airline 航空延误数据进行分析, 挖掘其延误分类的正确率大约在 50%左右, 且误分率很高. 本章设计不同的约束条件, 对 airline 数据进行约束模式挖掘, 生成约束关联规则可以解决航班公司关心的哪个时刻, 哪种飞机会存在大量延误问题. 且大量的实验结果分析可以得出, 使用基于模式的分类决策树分类算法可以有效地提高航空延误分类的正确率且可以降低误分率, 使得对航班的延误和正常预测得到均衡的结果.

　　由于需要挖掘频繁模式, 因此本章提出算法的不足之处是不能对连续值的属性直接进行处理, 需要离散化. 且由于增加频繁模式生成过程, 因此时间或内存消耗上会有所增加.

第6章 总结与展望

本章将首先总结本书提出的四种算法，接着对未来的研究工作进行进一步展望.

6.1 研究工作总结

数据流是无限、连续、有序的数据. 由于包含无限的数据，数据流中挖掘出的模式数量巨大，挖掘约束模式和闭合模式可以得到有趣的模式，并有效地减少模式的数量；由于数据流中存在概念漂移问题，历史事务可能无关或有害，因此挖掘数据流时需要考虑最新事务的处理方法，滑动窗口模型和时间衰减模型是常用的策略；数据流中大量数据可能包含无用信息，通过模式挖掘能够挖掘更有信息的模式用于分类，目的是提高分类的效率. 本书主要研究闭合模式挖掘，提出了以下四种算法.

(1) 提出两种新的衰减因子：均值衰减因子和高斯衰减因子. 并在两者基础上分别设计了基于时间衰减模型的闭合频繁模式挖掘算法，用于解决模式数量多、结果集不稳定和不平衡问题.

时间衰减模型的使用效率主要取决于衰减因子的设置方式. 已有的衰减因子设置方式包括随机设定方式，即从 (0, 1) 范围内随机确定衰减值，通常是接近 1 的值. 另外常用的设计方式是假定算法具有 100% 查全率或 100% 查准率时得到的衰减因子边界值. 本书重点研究了已有的衰减因子 f 的设计方法，并提出两种新的设计衰减因子的设计方式：一种是基于 100% 查全率与 100% 查准率的均值衰减因子设置方式，目的是使得算法得到平衡的高查全率和高查准率；另一种是基于高斯函数的高斯衰减因子设置方式，文中重点讨论了高斯函数中相关参数的设置方式. 与查全率和查准率设置方式相比，高斯衰减因子可以为新近事务和历史事务赋予不同的衰减强度.

在均值衰减因子基础上，本书提出了闭合模式挖掘算法 TDMCS. 算法采用了闭合算子提高闭合模式挖掘的效率；采用了最大误差阈值配合衰减模型使用，可以有效地避免概念漂移，用于挖掘更加合理的闭合模式结果集. 大量实验验证得出 TDMCS 算法具有较高的效率，适用于挖掘高密度、长序列和长模式的数据流，适用于不同大小的滑动窗口，且该算法优于其他同类算法. 同时，在 TDMCS 基础上，本书研究了基于高斯衰减因子和堆积衰减值的算法 TDMCS + . 通过对实验结果的分析, 针对不同特征的数据流, 本书提出的算法具有一定的优势.

(2) 针对高维且重复项多的数据, 提出一种基于多支持度的模式挖掘算法, 用于发现多种有趣的连续闭合模式.

生物数据一般是高维的且数据中的项是高度重复的, 使用常规的频繁模式挖掘算法是不能处理重复项值的, 为此需要挖掘频繁序列模式. 为了找到具有重要信息的生物子序列, 本书研究的算法挖掘连续的闭合模式. 并且关注在某一条生物数据中多次出现的连续子序列. 为此设计了三种支持度: 支持度、局部支持度和全局支持度, 并挖掘满足三种支持度的模式集合. 这些模式可以用于生物序列的比对和对未知序列的分类.

(3) 提出了基于约束的闭合模式挖掘算法和基于模式的决策树分类算法, 用于提高决策树的学习效率和分类正确率.

由于数据流包含无限的训练实例, 而这些实例集合中可能存有大量无用信息或噪声. 因此本书提出一种基于模式的分类算法 PatHT, 目的是去除原始数据中的无用信息, 且得到信息量更大的模式数据. 该分类算法对每个实例进行增量更新的模式挖掘, 挖掘具有约束的闭合频繁模式. 为了处理概念漂移问题采用可变滑动窗口和时间衰减模型来挖掘频繁模式. 其中滑动窗口的收缩与扩展受到概念改变的影响. 在模式的基础上生成概念漂移决策树, 它能自适应概念改变调整树结构. 经过对真实和模拟数据流的实验分析表明, PatHT 算法可以有效地提高分类正确率或降低训练时间.

为了验证 PatHT 算法的有效性, 对真实航班延误案例进行分析. 为了解决"哪些情况下航班延误最多?""哪些航班容易延误?""如何提高航班延误预测率?"等问题. 本书在约束闭合模式的基础上生成关联规则用于解决实际问题. 实验分析, 本书采用经典数据流分类算法对 airline 航空延误数据进行分析, 延误分类的正确率大约在 50%, 且误分率很高. 大量的实验结果分析可以得出, 使用 PatHT 算法可以有效地提高航空延误分类的正确率且可以降低误分率, 使得对航班的延误和正常预测得到均衡的结果.

6.2   未来工作展望

本书对闭合频繁模式挖掘进行研究, 针对模式集合数量大和数据流挖掘过程中的概念漂移问题, 以及数据流分类等方面提出了一些解决方案. 但距离实际应用仍然有较多的差距, 所提出的算法也有进一步改进的空间. 今后可以从以下几个方面对模式挖掘工作做研究.

(1) 本书设计算法挖掘数据流时, 处理概念漂移问题的方法是采用概念漂移检测器检测改变，从而自适应地调整滑动窗口大小. 这种方式满足概念漂移数据流处理的需求. 不足之处在于由于概念漂移可能存在伪漂移，因此进行概念检测时需要进一步进行漂移类型的判断.

(2) 本书设计算法挖掘频繁模式主要针对的是事务数据流. 因此不能处理数值型的数据. 如对时间序列数据流的处理是下一步需要研究的问题.

(3) 针对高维、高速的数据流处理方式也是将来研究的重点问题. 处理这些数据流需要设计合理的概要结构，提高算法处理速度.

参 考 文 献

[1] Han J W, Kamber M, Pei J. Data Mining Concepts and Techniques[M]. 3rd ed. San Francisco: Morgan Kaufmann, 2011: 180-206.

[2] Gaber M M. Advances in data stream mining [J]. Wiley Interdisciplinary Reviews: Data Mining and Knowledge Discovery, 2012, 2(1): 79-85.

[3] Cheng J, Ke Y, Ng W. A survey on algorithms for mining frequent itemsets over data streams[J]. Knowledge and Information Systems, 2008, 16: 1-27.

[4] Agrawal R, Srikant R. Fast algorithms for mining association rules in large databases[C]. Proceedings of the 20th International Conference on Very Large Data Bases, Santiago, 1994: 487-519.

[5] Han J W, Pei J, Yin Y W, et al. Mining frequent patterns without candidate generation: A frequent-pattern tree approach[J]. Data Mining and Knowledge Discovery, 2004, 8: 53-87.

[6] Pei J, Han J W, Liu H J, et al. H-Mine: Fast and space-preserving frequent pattern mining in large databases[J]. IIE Transactions, 2007, 39(6): 593-605.

[7] Deng Z H, Wang Z H, Jiang J J. A new algorithm for fast mining frequent itemsets using N-lists[J]. Science China: Information Sciences, 2012, 55(9): 2008-2030.

[8] Deng Z H, Lv S L. PrePost + : An efficient N-lists-based algorithm for mining frequent itemsets via children-parent equivalence pruning[J]. Expert Systems with Applications, 2015, 42(13): 5424-5432.

[9] Deng Z H, Lv S L. Fast mining frequent itemsets using nodesets[J]. Expert Systems with Applications, 2014, 41: 4505-4512.

[10] Chen J Y, Chen P. Sequential pattern mining for uncertain data streams using sequential sketch[J]. Journal of Networks, 2014, 9(2): 252-258.

[11] Cheng X, Su S, Xu S Z, et al. Differentially private maximal frequent sequence mining[J]. Computers & Security, 2015, 55: 175-192.

[12] Tsai C Y, Liou J J H, Chen C J, et al. Generating touring path suggestions using time-interval sequential pattern mining[J]. Expert Systems with Applications, 2012, 39(3): 3593-3602.

[13] Ahmed C F, Tanbeer S K, Jeong B S, et al. Single-pass incremental and interactive mining for weighted frequent patterns[J]. Expert Systems with Applications, 2012, 39(9): 7976-7994.

[14] Ahmed C F, Tanbeer S K, Jeong B S, et al. Interactive mining of high utility patterns over data streams[J]. Expert Systems with Applications, 2012, 39(15): 11979-11991.

[15] Braun P, Cameron J J, Cuzzocrea A, et al. Effectively and efficiently mining frequent patterns from dense graph streams on disk[J]. Procedia Computer Science, 2014, 35: 338-347.

[16] Cuzzocrea A, Han Z, Jiang F, et al. Edge-based mining of frequent subgraphs from graph streams[J]. Procedia Computer Science, 2015, 60: 573-582.

[17] Amphawan K, Soulas J, Lenca P. Mining top-k regular episodes from sensor streams[J]. Procedia Computer Science, 2015, 69: 76-85.

[18] Manku G S, Motwani R. Approximate frequency counts over data streams[C]. Proceedings of the 28th International Conference on Very Large DataBases, San Francisco, 2002: 346-375.

[19] Teng W G, Chen M S, Yu P S. A regression-based temporal pattern mining scheme for data streams[C]. Proceedings of the 29th International Conference on Very Large Databases, Berlin, 2003: 93-104.

[20] Chang J H, Lee W S. Finding recent frequent itemsets adaptively over online data streams[C]. Proceedings of the ACM SIGKDD International Conference on Knowledge Discovery and Data Mining, New York, 2003: 487-492.

[21] Shin S J, Lee D S, Lee W S. CP-tree: An adaptive synopsis structure for compressing frequent itemsets over online data systems[J]. Information Sciences, 2014, 278: 559-576.

[22] Chong Z, Yu J X, Lu H, et al. False-negative frequent items mining from data streams with bursting[C]. Proceedings of the 10th International Conference on Database Systems for Advanced Applications, Berlin, 2005: 422-434.

[23] Alavi F, Hashemi S. DFP-SEPSF: A dynamic frequent pattern tree to mine strong emerging patterns in streamwise features[J]. Engineering Applications of Artificial Intelligence, 2015, 37: 54-70.

[24] Gama J, Zliobaite I, Bife A, et al. A survey on concept drift adaptation[J]. ACM Computing Surveys, 2014, 46(4): 1-37.

[25] Ghazikhani A, Monsefi R, Yazdi H S. Ensemble of online neural networks for non-stationary and imbalanced data streams[J]. Neurocomputing, 2013, 122: 535-544.

[26] Cao K, Wang G, Han D, et al. An algorithm for classification over uncertain data based on extreme learning machine[J]. Neurocomputing, 2016, 174: 194-202.

[27] Cervantes J, Lamont F G, Chau A L, et al. Data selection based on decision tree for SVM classification on large data sets[J]. Applied Soft Computing, 2015, 37: 787-798.

[28] Kranjc J, Smailović J, Podpečan V, et al. Active learning for sentiment analysis on data streams: Methodology and workflow implementation in the ClowdFlows platform[J]. Information Processing & Management, 2015, 51(2): 187-203.

[29] 王鹏, 吴晓晨. CAPE-数据流上的基于频繁模式的分类算法[J]. 计算机研究与发展, 2004, 41(10): 1677-1683.

[30] 敖富江, 王涛, 刘宝宏, 等. CBC-DS: 基于频繁闭模式的数据流分类算法[J], 计算机研究与发展, 2009, 46(5): 779-786.

[31] Çokpınar S, Gündem T I. Positive and negative association rule mining on XML data streams in database as a service concept[J]. Expert Systems with Applications, 2012, 39(8): 7503-7511.

[32] Ari I, Olmezogullari E, Celebi O F. Data stream analytics and mining in the cloud[C]. Proceedings of the 4th IEEE International Conference on Cloud Computing Technology and Science, Los Alamitos, 2012: 857-862.

[33] Almeida E, Ferreira C, Gama J. Adaptive model rules from data streams[C]. Proceedings of European Conference on Machine Learning and Principles and Practice of Knowledge Discovery in Databases, Berlin, 2013: 480-492.

[34] Antonelli M, Ducange P, Marcelloni F, et al. A novel associative classification model based on a fuzzy frequent pattern mining algorithm[J]. Expert Systems with Applications, 2015, 42(4): 2086-2097.

[35] Bechini A, Marcelloni F, Segatori A. A MapReduce solution for associative classification of big data[J]. Information Sciences, 2016, 332: 33-55.

[36] Kotsiantis S B. Decision trees: A recent overview[J]. Artificial Intelligence Review, 2013, 39(4): 261-283.

[37] Domingos P, Hulten G. Mining high-speed data streams[C]. Proceedings of the 6th ACM International Conference on Knowledge Discovery and Data Mining, New York, 2000: 71-80.

[38] Hulten G, Spencer L, Domingos P. Mining time-changing data streams[C]. Proceedings of the 7th ACM SIGKDD International Conference on Knowledge Discovery and Data Mining, New York, 2001: 97-106.

[39] Gama J, Rocha R, Medas P. Accurate decision trees for mining high-speed data streams[C]. Proceedings of the 9th ACM International Conference on Knowledge Discovery and Data Mining, New York, 2003: 523-528.

[40] Shaker A, Senge R, Hüllermeier E. Evolving fuzzy pattern trees for binary classification on data streams[J]. Information Sciences, 2013, 220: 34-45.

[41] Li B, Zhu X, Chi L, et al. Nested subtree hash kernels for large-scale graph classification over streams[C]. Proceedings of IEEE 12th International Conference on Data Mining, Piscataway, 2012: 399-408.

[42] Pfahringer B, Holmes G, Kirkby R. New options for hoeffding trees[C]. Proceedings of the 20th Australian Joint Conference on Artificial Intelligence, Heidelberg, 2007: 90-99.

[43] Bifet A, Gavaldá R. Adaptive parameter-free learning from evolving data streams[C]. Proceedings of the 8th International Symposium on Intelligent Data Analysis, Berlin, 2009: 246-260.

[44] Bifet A, Holmes G, Pfahringer B. New ensemble methods for evolving data streams[C]. Proceedings of the 15th ACM International Conference on Knowledge Discovery and Data Mining, New York, 2009: 139-148.

[45] Grossi V, Turini F. Stream mining: A novel architecture for ensemble-based classification[J]. Knowledge and Information Systems, 2012, 30(2): 247-281.

[46] Farid D M, Zhang L, Hossain A, et al. An adaptive ensemble classifier for mining concept-drifting data streams[J]. Expert Systems with Applications, 2013, 40(15): 5895-5906.

[47] Brzezinski D, Stefanowski J. Combining block-based and online methods in learning ensembles from concept drifting data streams[J]. Information Sciences, 2014, 265: 50-67.

[48] Czarnowski I, Jędrzejowicz P. Ensemble classifier for mining data streams[J]. Procedia Computer Science, 2014, 35: 397-406.

[49] Ikonomovska E, Gama J, Džeroski S. Online tree-based ensembles and option trees for regression on evolving data streams[J]. Neurocomputing, 2015, 150: 458-470.

[50] Abdallah Z S, Gaber M M, Srinivasan B. Adaptive mobile activity recognition system with evolving data streams[J]. Neurocomputing, 2015, 150: 304-317.

[51] Hosseini M J, Gholipour A, Beigy H. An ensemble of cluster-based classifiers for semi-supervised classification of non-stationary data streams[J]. Knowledge & Information Systems, 2016, 46(3): 567-597.

[52] Zaremoodi P, Beigy H, Siahroudi S K. Novel class detection in data streams using local patterns and neighborhood graph[J]. Neurocomputing, 2015, 158: 234-245.

[53] Silva J, Faria E R, Barros R C, et al. Data stream clustering: A survey[J]. ACM Computing Surveys, 2013, 46(1): 13.

[54] Aggarwal C C, Han J, Wang J, et al. A framework for clustering evolving data streams[C]. Proceedings of the 29th Conference on Very Large Data Bases, Berlin, 2003, 29: 81-92.

[55] Gama J, Rodrigues P P, Lopes L. Clustering distributed sensor data streams using local processing and reduced communication[J]. Intelligent Data Analysis, 2011, 15(1): 3-28.

[56] Chen Y, Tu L. Density-based clustering for real-time stream data[C]. Proceedings of the 13th ACM SIGKDD International Conference on Knowledge Discovery and Data Mining, New York, 2007: 133-142.

[57] Kranen P, Assent I, Baldauf C, et al. The clustree: Indexing microclusters for anytime stream mining[J]. Knowledge and Information Systems, 2011, 29(2): 249-272.

[58] Ackermann M R, Märtens M, Raupach C, et al. StreamKM++: A clustering algorithm for data streams[J]. Journal of Experimental Algorithmics, 2012, 17(2): 2,4.

[59] 李国徽, 陈辉. 挖掘数据流任意滑动时间窗口内频繁模式[J]. 软件学报, 2008, 19(19): 2585-2596.

[60] Chi Y, Wang H X, Yu P S, et al. Catch the moment: Maintaining closed frequent itemsets over a data stream sliding window[J]. Knowledge and Information Systems, 2006, 10(3): 265-294.

[61] Nori F, Depir M, Sadeddini M H. A sliding window based algorithm for frequent closed itemset mining over data streams[J]. Journal of Systems and Software, 2013, 86(3): 615-623.

[62] Cheng J, Ke Y, Ng W. Maintaining frequent closed itemsets over a sliding window[J]. Journal of Intelligent Information Systems, 2008, 31(3): 191-215.

[63] Yen S J, Wu C W, Lee Y S, et al. A fast algorithm for mining frequent closed itemsets over stream sliding

window[C]. Proceedings of 2011 IEEE International Conference on Fuzzy Systems, Piscataway, 2011: 996-1002.

[64] Dai C, Chen L. An algorithm for mining frequent closed itemsets in data stream[J]. Physics Procedia, 2012, 24: 1722-1728.

[65] Amphawan K, Lenca P. Mining top-k frequent-regular closed patterns[J]. Expert Systems with Applications, 2015, 42(21): 7882-7894.

[66] Farzanyar Z, Kangavari M, Cercone N. Max-FISM: Mining recently maximal frequent itemsets over data streams using the sliding window model[J]. Computers and Mathematics with Applications, 2012, 64: 1706-1718.

[67] Li H F, Zhang N. Approximate maximal frequent itemset mining over data stream[J]. Journal of Information and Computational Science, 2011, 8(12): 2249-2257.

[68] Calders T, Dexters N, Gillis J J M, et al. Mining frequent itemsets in a stream[J]. Information Systems, 2014, 39: 233-255.

[69] Lee G, Yun U, Ryu K H. Sliding window based weighted maximal frequent pattern mining over data streams[J]. Expert Systems with Applications, 2014, 41(2): 694-708.

[70] Li J, Gong S. Top-k-FCI: Mining top-k frequent closed itemsets in data streams[J]. Journal of Computational Information Systems, 2011, 7(13): 4819-4826.

[71] Homem N, Carvalho J P. Finding top-k elements in data streams[J]. Information Sciences, 2010, 180(24): 4958-4974.

[72] Tsai P S M. Mining top-k frequent closed itemsets over data streams using the sliding window model[J]. Expert Systems with Applications, 2010, 37(10): 6968-6973.

[73] Leung C K S, Hao B, Jiang F. Constrained frequent itemset mining from uncertain data streams[C]. Proceedings of the 26th International Conference on Data Engineering Workshops, Piscataway, 2010: 120-127.

[74] Silva A, Antunes C. Pushing constraints into data streams[C]. Proceedings of the 2nd International Workshop on Big Data, Streams and Heterogeneous Source Mining, New York, 2010: 79-86.

[75] Cuzzocrea A, Leung C K S, MacKinnon R K. Mining constrained frequent itemsets from distributed uncertain data[J]. Future Generation Computer Systems, 2014, 37: 117-126.

[76] Kiran R U, Kitsuregawa M, Reddy P K. Efficient discovery of periodic-frequent patterns in very large databases[J]. Journal of Systems and Software, 2016, 112: 110-121.

[77] Li C W, Jea K F. An adaptive approximation method to discover frequent itemsets over sliding-window-based data streams[J]. Expert Systems with Applications, 2011, 38: 13386-13404.

[78] Deypir M, Sadreddini M H. EclatDS: An efficient sliding window based frequent pattern mining method for data streams[J]. Intelligent Data Analysis, 2011, 15(4): 571-587.

[79] Chen H, Shu L, Xia J, et al. Mining frequent patterns in a varying-size sliding window of online transactional data streams[J]. Information Sciences, 2012, 215: 15-36.

[80] Li C W, Jea K F. An approach of support approximation to discover frequent patterns from concept-drifting data streams based on concept learning[J]. Knowledge and Information Systems, 2014, 40(3): 639-671.

[81] 李海峰, 章宁, 朱建明, 等. 时间敏感数据流上的频繁项集挖掘算法[J]. 计算机学报, 2012, 35(11): 2283-2293.

[82] Deypir M, Sadreddini M H, Hashemi S. Towards a variable size sliding window model for frequent itemset mining over data streams[J]. Computers & Industrial Engineering, 2012, 63(1): 161-172.

[83] Deypir M, Sadreddini M H. A dynamic layout of sliding window for frequent itemset mining over data streams[J]. Journal of Systems and Software, 2012, 85(3): 746-759.

[84] Hewanadungodage C, Xia Y, Lee J J, et al. Hyper-structure mining of frequent patterns in uncertain data streams[J].

Knowledge and Information Systems, 2013, 37(1): 219-244.

[85] Shie B, Yu P S, Tseng V S. Efficient algorithms for mining maximal high utility itemsets from data streams with different models[J]. Expert Systems with Applications, 2012, 39(17): 12947-12960.

[86] Li H F, Ho C C, Chen H S, et al. A single-scan algorithm for mining sequential patterns from data streams[J]. International Journal of Innovative Computing, Information and Control, 2012, 8(3A): 1799-1820.

[87] Chen L, Mei Q. Mining frequent items in data stream using time fading model[J]. Information Sciences, 2014, 257: 54-69.

[88] Guo L, Su H, Qu Y. Approximate mining of global closed frequent itemsets over data streams[J]. Journal of the Franklin Institute, 2011, 348(6): 1052-1081.

[89] Oh K J, Jung J G, Jo G S. Discovering frequent patterns by constructing frequent pattern network over data streams in e-marketplaces[J]. Wireless Personal Communications, 2014, 79(4): 2655-2670.

[90] Yu J X, Chong Z, Lu H, et al. A false negative approach to mining frequent itemsets from high speed transactional data streams[J]. Information Sciences, 2006, 176(16): 1986-2015.

[91] Yu J X, Chong Z, Lu H, et al. False positive or false negative: Mining frequent itemsets from high speed transactional data streams[C]. Proceedings of the 30th International Conference on Very Large Data Bases, Toronto, 2004: 204-215.

[92] Yen S J, Lee Y S, Wu C W, et al. An efficient algorithm for maintaining frequent closed itemsets over data stream[J]. Next Generation Applied Intelligence, 2009, 5579(1): 767-776.

[93] Tang K M, Dai C Y, Chen L. A novel strategy for mining frequent closed itemsets in data streams[J]. Journal of Computers, 2012, 7,(7): 1564-1572.

[94] Nabil H M, Eldin A S, Belal M A E. Mining frequent itemsets from online data streams: Comparative study[J]. International Journal of Advanced Computer Science and Applications, 2013, 4(7): 117-125.

[95] Zhao Y, Zhang C, Zhang S. A recent-biased dimension reduction technique for time series data[C]. Proceedings of 9th Pacific-Asia Conference on Knowledge Discovery and Data Mining, Berlin, 2005: 751-757.

[96] Leung C K S, Jiang F. Frequent itemset mining of uncertain data streams using the damped window model[C]. Proceedings of the 2011 ACM Symposium on Applied Computing, New York, 2011: 950-955.

[97] Jiang N, Gruenwald L. CFI-Stream: Mining closed frequent itemsets in data streams[C]. Proceedings of ACM SIGKDD Internal Conference on Knowledge Discovering and Data Mining, Philadelphia, 2006: 592-597.

[98] Lee H F, Ho C C, Lee S Y. Incremental updates of closed frequent itemsets over continuous data streams[J]. Expert System with Applications, 2009, 36(2): 2451-2458.

[99] Chang J H, Lee W S. Decaying obsolete information in finding recent frequent itemsets over data streams[J]. IEICE Transactions on Information and Systems, 2004, 87(6): 1588-1592.

[100] Chang J H, Lee W S. estWin: Online data stream mining of recent frequent itemsets by sliding window method[J]. Journal of Information Science, 2005, 31(2): 76-90.

[101] Chang J H, Lee W S. A sliding window method for finding recently frequent itemsets over online data streams[J]. Journal of Information Science and Engineering, 2004, 20(4): 753-762.

[102] Chang J H, Lee W S. Finding recently frequent itemsets adaptively over online transactional data streams[J]. Information Systems, 2006, 31(8): 849-869.

[103] Woo H J, Lee W S. estMax: Tracing maximal frequent itemsets instantly over online transactional data streams[J]. IEEE Transactions on Knowledge and Data Engineering, 2009, 21(10): 1418-1431.

[104] Cohen E, Strauss M. Maintaining time-decaying stream aggregates[C]. Proceedings of the 22th ACM SIGMOD Symposium on Principles of Data Systems, San Diego, 2003: 223-233.

[105] Cormode G, Tirthapura S, Xu B. Time-decaying sketches for robust aggregation of sensor data[J]. SIAM Journal on Computing, 2009, 34(9): 1309-1339.

[106] 廖国琼, 吴凌琴, 万常选. 基于概率衰减窗口模型的不确定数据流频繁模式挖掘[J]. 计算机研究与发展, 2012, 49(5): 1105-1115.

[107] Widmer G, Kubat M. Learning in the presence of concept drift and hidden contexts[J]. Machine Learning, 1996, 23(1): 69-101.

[108] Bifet A, Gavaldá R. Learning from time-changing data with adaptive windowing[C]. Proceedings of the 7th SIAM International Conference on Data Mining, Philadelphia, 2007: 443-448.

[109] Gama J, Kosina P. Recurrent concepts in data streams classification[J]. Knowledge and Information Systems, 2014, 40(3): 489-507.

[110] Klinkenberg R. Learning drifting concepts: Example selection vs. example weighting[J]. Intelligence Data Analysis, 2004, 8(3): 281-300.

[111] Kosina P, Gama J. Very fast decision rules for classification in data streams[J]. Data Mining and Knowledge Discovery, 2015, 29(1): 168-202.

[112] Gama J, Medas P, Castillo G, et al. Learning with drift detection[C]. Proceedings of the 17th Brazilian Symposium on Artificial Intelligence, Berlin, 2004: 286-295.

[113] Baena G M, Campo A J, Fidalgo R, et al. Early drift detection method[C]. Proceedings of the 4th International Workshop on Knowledge Discovery from Data Streams, Berlin, 2006: 77-86.

[114] Ikonomovska E, Gama J, Dzeroski S. Learning model trees from evolving data streams[J]. Data Mining Knowledge Discovery, 2011, 23(1): 128-168.

[115] Gomes J B, Menasalvas E, Sousa P A C. Learning recurring concepts from data streams with a context-aware ensemble[C]. Proceedings of the 26th Annual ACM Symposium on Applied Computing, New York, 2011: 994-999.

[116] Hall M, Frank E. Combining naive bayes and decision tables[C]. Proceedings of the 21st International Florida Artificial Intelligence Research Society Conference, Menlo Park, 2008: 318-319.

[117] Gama J, Kosina P. Learning decision rules from data streams[C]. Proceedings of the 22 International Joint Conference on Artificial Intelligence, New York, 2011: 1255-1260.

[118] Bifet A, Holmes G, Kirkby R, et al. MOA: Massive online analysis[J]. Journal of Machine Learning Research, 2010, 11: 1601-1604.

[119] Witten I H, Frank E. Data Mining: Practical Machine Learning Tools and Techniques[M]. 2nd ed. Beijing: China Machine Press, 2005.

[120] 程华, 李艳梅, 罗谦, 等. 基于 C4.5 决策树方法的到港航班延误预测问题研究[J]. 系统工程理论与实践, 2014, 34: 239-247.

[121] 罗谦, 张永辉, 程华, 等. 基于航空信息网络的枢纽机场航班延误预测模型[J]. 系统工程理论与实践, 2014, 34: 143-150.

[122] Cheng J. Estimation of flight delay using weighted spline combined with ARIMA model[C]. Proceedings of the 7th IEEE International Conference on Advanced Infocomm Technology, Piscataway, 2015: 8-20.

[123] Liu H, Lin F, He J, et al. New approach for the sequential pattern mining of high-dimensional sequence databases[J]. Decision Support Systems, 2010, 50: 270-280.

[124] Sohrabi M, Barforoush A. Efficient colossal pattern mining in high dimensional datasets[J]. Knowledge-Based Systems, 2012, 33: 41-52.

[125] Alves R, Baena D, Ruiz J. Gene association analysis: A survey of frequent pattern mining from gene expression

data[J]. Briefings in Bioinformatics, 2009, 11 (2): 1-12.

[126] Exarchos T, Papaloukas C, Lampros C, et al. Mining sequential patterns for protein fold recognition[J]. Journal of Biomedical Informatics, 2008, 41: 165-179.

[127] Wang K, Xu Y, Yu J, Scalable sequential pattern mining for biological sequences[C]. Proceedings of the 13th ACM International Conference on Information and Knowledge Management, New York, 2004: 178-187.

[128] Xiong Y, Zhu Y. BioPM: An efficient algorithm for protein motif mining[C]. Proceedings of the 1st International Conference on Bioinformatics and Bio-medical Engineering, New York, 2007: 394-397.

[129] Karim M, Rashid M, Jeong B, et al. An efficient approach to mining maximal contiguous frequent patterns from large DNA sequence databases[J]. Genomics and Informatics, 2012, 10(1): 51-57.

[130] Xiong Y. TOPPER: An algorithm for mining top k patterns in biological sequences based on regularity measurement[C]. Proceedings of 2010 IEEE International Conference on Bioinformatics and Biomedicine Workshops, New York, 2010: 283-288.

[131] Pei J, Wang J. Mining sequential patterns by pattern-growth: The prefixspan approach[J]. IEEE Transactions on Knowledge and Data Engineering, 2004, 16: 1-17.